健康養生烘焙

Healthy Home Baking

低糖・低油・低鹽

林宥君　著

近年來食品安全事件頻傳，讓國人對於食品飲食方面存有些許疑慮，深怕購買到問題食品身受其害，並對於色彩鮮豔和香味十足的食品，也深怕色素和香料、防腐劑等添加物的過度添加使用，即興起學習烘焙點心自行 DIY 熱潮，製作無添加又健康的麵包、蛋糕、餅乾點心，且能依自己喜歡的口味調整製作，低糖、低油、低卡、高纖維的健康烘焙點心。烘焙點心 DIY 最重要的是，自己製作的點心健康好吃又安心。

從事烘焙業 20 多年，且在大專院校及 DIY 點心教學領域多年來，許多學生常反應烘焙食品熱量太高，是否可以減少糖和油脂的用量，製作低糖、低油、低熱量、高纖維的產品，讓烘焙產品也能吃得健康又安心。所以「健康養生烘焙」此書的所有產品就「以天然素材為主，以健康概念為您」，精心製作出美味又健康可口的糕點，運用了許多的養生食材融入產品，精心研發製作。並收集成冊和大家分享，希望藉由「健康養生烘焙」此書讓喜好烘焙的您都能製作安心又健康的烘焙點心。

快樂學習烘焙　　吃得健康安心

樹德科技大學

餐旅與烘焙管理系系主任　林宥君

　　林宥君老師，為樹德科技大學餐旅與烘焙管理系系主任，因著其興趣與理想，鑽研

在烘焙食品、糖果點心、麵食製作等方面有長達 25 年的實務經驗，現在擁著一身技藝，亟

思回饋與傳承，特投身於教學，不但培育出多位選手參加國際大賽獲獎外，更積極輔導學生

考取乙、丙級相關領域之證照，栽培後進不餘遺力，同時更不斷精益求精，將多年創新成果

彙編成書，以廣為流傳；林師近來著作的書「就要不一樣的糖果點心」，經拜讀內文後，深

覺生活中的用心體會，就能量產新創意、成就新商機，深信這本書能引領讀者走入另一點心

新境界，並廣受好評成為暢銷書。

　　繼該書之後，林師針對現代人們對健康之重視，在少油低糖高纖的要求下，此次又以「健

康養生烘焙」一書問世，迭經拜閱文稿，對書中所列之麵包、蛋糕、餅乾、甜點等食品，均

以低油少糖及高纖為素材，精心揀選並體驗品嘗製成 49 種糕點，另融入中國人所孰稔之中

藥材、時鮮水果等食材，透過調和各項佐味與麵粉之比例，精心設計創意食品，不但能滿足

現代人對健康之要求，更能突顯其味美色香，達到好吃、營養、無負擔之糕餅點心。

　　演優而導是多位知名演員的生涯高峰，宥君老師也同樣步上技藝優而教的層次，豐富了自己

也豐富了教學。林師不藏私的分想多年實務心得，深為激賞，感念其對教育的貢獻，孜孜不倦化

育人才，值此新書問世同時，為其做序，亦同感榮耀。

樹德科技大學 前校長 　朱元祥

目錄

§ 餅乾系列 §

§ 甜點系列 §

腰果仁

腰果中含有類胡蘿蔔素，可以抗氧化、使肌膚展現光澤；又富含維生素 A、B1、B2、B6 及各種有益的酸、鈣、鎂、鐵、鉀、氨基酸等多種礦物質，能補充體力、消除疲勞；油酸有助於預防心血管疾病與動脈硬化；亞麻油酸可預防心臟病、腦中風；腰果酸有助於防癌；內含百分之四十五左右的脂肪、蛋白質，可用來油炸、鹽漬及糖漬。挑選腰果時，以整齊均勻、色白飽滿、味香身乾、含油量高者為上品；保存得宜可放一年左右。由於腰果的脂肪是一種良質脂肪酸，不但不會胖，最近也被廣泛地用來減肥。

蓮子

蓮子含有豐富的澱粉、蛋白質和多種維生素，味甘澀、性平和，有清新養神，補脾益腎和止血的作用，本草綱目稱其可『交心腎、厚腸胃、固精氣、強筋骨、補虛損、利耳目、除寒濕』，治療心悸失眠，脾胃虛弱，男子遺精，婦女白帶過多、月經過多及泄瀉症。蓮葉：可做荷葉飯，乾品可開脾，增加元氣，鮮品有清暑解熱作用。

枸杞

枸杞能預防動脈硬化及防止老化，具有溫暖身體的作用，驚人的療效令人讚歎！枸杞是一種具有強韌生命力及精力的植物，非常適合用來消除疲勞。它能夠促進血液循環，還可預防肝臟內脂肪的囤積；再加上枸杞內所含的各種維他命、必需胺基酸及亞麻油酸全面性地運作，更可以促進體內的新陳代謝，防止老化。

葡萄乾

葡萄乾的營養價值非常高，它的主要成份為葡萄糖；葡萄糖在體內被吸收後，立刻就會變成身體所需要的能源。正因為如此，它對恢復疲勞非常有效。除此之外，葡萄乾也含有非常豐富的鐵，所以它對貧血症狀也很有功效。

南瓜子

南瓜子富含高營養價值，含有胡蘿蔔素、維生素 B1、B6、C、E、PP，亦有鋅、鎂、鐵、銅... 等微量元素，其中有極大的鋅（Zinc）含量。在歐、美及日本，南瓜子是男性必備的健康補品，可幫助排尿順暢。南瓜子營養價值高，是鋅及維生素 E 的最佳食物來源，可提供許多有益人體的植物性化學物質，也可提供多種不飽和脂肪酸。

海苔粉

海苔濃縮了紫菜當中的各種 B 族維生素，特別是核黃素和尼克酸的含量十分豐富，還有不少維生素 A 和維生素 E，以及少量的維生素 C。海苔中含有 15% 左右的礦物質，其中有維持正常生理功能所必需的鉀、鈣、鎂、磷、鐵、鋅、銅、錳等，其中含硒和碘尤其豐富，這些礦物質可以幫助人體維持身體的酸鹼平衡，有利於兒童的生長發育，對老年人延緩衰老也有幫助。海苔中所含藻膽蛋白具有降血糖、抗腫瘤的作用，其中的多醣體具有抗衰老、降血脂、抗腫瘤等多方面的生物活性。海苔中所含的藻朊酸，還有助於清除人體內帶毒性的金屬，如鍶和鎘等。海苔雖有種種好處，但脾胃虛寒、容易腹脹的人不宜多吃，因為中醫認為紫菜味甘鹹，性寒。此外，需要控制鹽量攝取的人也要適當克制調味海苔的食用量，可以適當吃些沒有調味的紫菜片。

黑糖

黑糖又稱紅糖或紅砂糖，和白糖、白砂糖、冰糖等同樣以甘蔗為原料製作而成。但黑糖的精緻程度較低，不如白糖、冰糖，但也保留了不少礦物質及維生素，特別是鈣、鉀、鐵、鎂及葉酸等，這些正是精製白砂糖、冰糖裡所沒有的。中醫認為黑糖可幫助調理女性生理健康，傳統婦女坐月子時，也會利用黑糖來恢復生理狀態，營養師也認為，生理期應適量攝取黑糖。它所含的鈣和鎂具有鎮靜、放鬆的作用；鐵質則是補充生理期間的耗損，讓身體不會因為缺鐵感覺疲倦。近年來社會吹起自然風氣，黑糖製品蔚為風潮，如黑糖糕、黑糖麥芽餅、黑糖粉粿…等廣受大家歡迎，但慢性病患者如糖尿病、高血壓及腎臟病（因為黑糖的鈉、鉀含量比較高）和正在控制體重的人，應該限制或避免食用黑糖。

燕麥

食用燕麥較常見的功效有很多，如延長腸胃的排空時間產生飽足感，就可降低多餘熱量的攝取；改善腸內菌叢生態，增加有益菌；維他命 B 群可以幫助減壓；維生素 E 可改善血液循環，加強新陳代謝，調整身體機能，有效減輕更年期障礙；葡萄糖可以降低血中膽固醇；水溶性纖維可抑制飯後血糖濃度上升。

芝麻

芝麻，又稱胡麻，不但是食品，可搾油，而且也供作藥用。市面上最常見的有黑芝麻與白芝麻，中醫典籍指出黑芝麻有滋補、烏髮、通便、解毒等功效。芝麻營養成份主要為脂肪，約佔一半，蛋白質、醣類、膳食纖維的含量也很豐富。芝麻並含有豐富的維生素 B 群、E 與鎂、鉀、鋅及多種微量礦物質。

無花果

無花果別名文冠果、奶漿果、文仙果，根據藥書所載，它用途甚多。《滇南本草》謂它「主清利咽喉，開胸膈，清痰化滯。」《本草補遺》指它「五痔腫痛、煎湯頻薰洗之，取效。」不僅如此，果肉更含鈣、磷、鎂、銅、錳、鋅、硼等多種人體必需礦物質和微量元素。

蔓越莓

蔓越莓（cranberry）又稱為小紅莓，是一種生長在北美（特別是麻州）的植物。研究顯示，蔓越莓之所以有其功效，是因為蔓越莓可以防止病菌，黏著或依附在尿道系統的內側組織上。蔓越莓中有一種叫青花素（proanthocyanidins）或稱濃縮單寧酸（condensed tannins）成份，正是防止大腸桿菌，黏著在泌尿道內側的最大功臣。然而蔓越莓所含有的豐富抗氧化物，卻使得其保健應用的層面又更為擴大。此外，蔓越莓還能提供人體如抗生素般的保護能力，而且這種「天然抗生素」不會讓身體產生抗藥性。

杏仁（甜杏）

杏仁含有豐富的植物性蛋白質、不飽和脂肪酸、維生素類、礦物質、膳食纖維、植物固醇、多元酚類等。尤其含有豐富的維他命 E 與單元不飽和脂肪酸，根據研究報告指出，杏仁能夠有效預防各種文明病，是兼具美味與健康的食品。杏仁（苦杏）：杏仁性味辛苦甘溫、有小毒，入肺與大腸經。有止咳平喘、潤腸通便、殺蟲的功能。苦杏仁辛能散邪、苦可下氣、溫可宣滯，既有發散風寒之能，又有下氣平喘之功，另外，苦杏仁又能用於治療腸燥便秘等症。

十穀米

十穀米（Multiple grain rice）就是混合多種穀物的米產品，近年來由於社會掀起自然飲食、養生之風，所以把米加上其他種穀類，可更豐富米的營養成分，其所添加穀物主要包括燕麥、蓮子、麥片、糙米、紅薏仁、黑糯米、小米、小麥、蕎麥、芡實等。據科學分析其成份有 100 多種有益人體健康的物質，如維生素 B 群（B1,B2,B6,B9,B12）、C、A、E、K、D，礦物質（鈣、鐵、鎂、鉀），微量元素（鋅、鉬、錳、鍺），酵素，抗氧化物、纖維素、氨基酸、生物素，具有降血壓，降膽固醇，清除血栓，舒緩神經之功用，對便秘、高血壓、皮膚病、闌尾炎、失眠、口角炎效果不亞於醫藥，最重要的是沒有副作用。目前普遍受到消費者歡迎，一般超市、賣場皆有出售。有關十穀米的烹調方法，一般是先浸米 1 小時，再依煮飯方法煮成飯或粥，如果想提升口感，可以添加牛奶、龍眼、葡萄乾、茶葉蛋，或隨個人喜好的配料，也可以打成飲品，或做成飯糰……等。

百合

百合主要含有秋水仙鹼（Colchicine）等多種生物鹼和蛋白質、脂肪、澱粉質、鈣、磷、鐵及維他命B1、B2、維他命 C 及胡蘿蔔素等物質，有良好的營養滋補功效，對病後體弱、神經衰弱等很有益處。中醫學認為，百合味甘微苦，性平，入心、肺經，有潤肺止咳、清心安神之功。

核桃

核桃是一種兼具營養和美味的保健食品，不管是中醫藥典或西方民俗療法，都記載著核桃具有預防及治療疾病的功效。提供充足的熱量，富含必需脂肪酸，核桃的胺基酸種類相當廣泛，除了含有多種人體無法自行合成的必需胺基酸外，其所含多種胺基酸是其他植物性食物難以攝取到的。核桃的纖維質相當豐富，每一百克核桃可食部分含有 9.7 克纖維，再加上核桃含有高量脂質，食用核桃易讓人感到飽足。核桃亦含有維生素 C、維生素 B1、B2、葉酸、泛酸、菸鹼酸等水溶性維生素。在礦物質方面，核桃含有鐵、鋅、銅、鎂、磷等礦物質，其中鈉的含量相當低，每一百克可食部分僅含有 10 毫克，相當符合現代飲食低鈉的健康訴求。

洛神花

洛神花含有豐富的花青素、黃酮素、多酚，可以養顏美容，有調整血脂，維護肝臟健康的作用。並具有解熱、抗高血壓、治療肝病、平衡身體內酸鹼值的效果；酸酸甜甜的洛神花茶，也是台灣炎炎夏日最佳的消暑飲品。

松子

又稱為長壽果、養人寶，從現代營養學來看，松子確實有較好的營養價值。包含人體必須的多種營養，特別是松子中的油脂成分含約 70%，大多為亞油酸、亞麻酸、花生四烯酸等不飽和脂肪酸；這些脂肪酸不能在人體內合成，必須從食物中攝取，它們能使細胞生物膜機構更新，膽固醇變成膽汁鹽酸，防止在血管壁上沉積形成動脈硬化；同時還具有增強腦細胞代謝、促進和維護腦細胞功能和神經功能的作用，因此，老年人常食松子，能防止心血管疾病；青少年常食松子有利於生長發育、健腦益智；中年人常食松子也有利於抗老防衰、增強記憶力。挑選時，應以顆粒大而形體完整、顏色白淨，並且乾燥者為佳。

麵包系列 -bread-

十穀雜糧吐司
10 Grain Toast

材料

高筋粉	1000g
鹽	10g
細砂糖	120g
乾酵母	12g
水	200g
牛奶	400g
橄欖油	80g

十穀米：
燕麥、黑糯米、糙米、
蕎麥、小麥、麥片、
芡實、蓮子、薏仁、
黑豆 合計 300g

模型：7 條
500g 蛋糕模

準備

粉類過篩。

作法

1. 高筋粉、十穀米入攪缸 (圖 1)，加上細砂糖、鹽、酵母 (圖 2)，加入牛奶勾狀攪拌 (圖 3)。
2. 加水 (圖 4)，加橄欖油攪拌拌勻 (圖 5)，至麵筋擴展完成階段 (圖 6)。
3. 放入鋼盆基本發酵 60 分鐘 (圖 7)，發酵完成 (圖 8)。
4. 分割 (圖 9)，1 個 100g(圖 10)，滾圓 (圖 11)，鬆弛 15-20 分鐘 (圖 12)。
5. 鬆弛後取出，擀平 (圖 13)，由外往內捲起 (圖 14)，鬆弛 15-20 分鐘 (圖 15)。
6. 鬆弛好擀長、翻面 (圖 16)，由外往內捲起 (圖 17)。
7. 放入噴烤盤油的模型內，1 模三個，最後發酵 45~50 分鐘 (圖 18)。
8. 發酵完成，表面刷蛋液，以上火 160℃ / 下火 200℃ 烘烤 30 分鐘 (圖 19)，出爐 (圖 20)，脫模 (圖 21)。

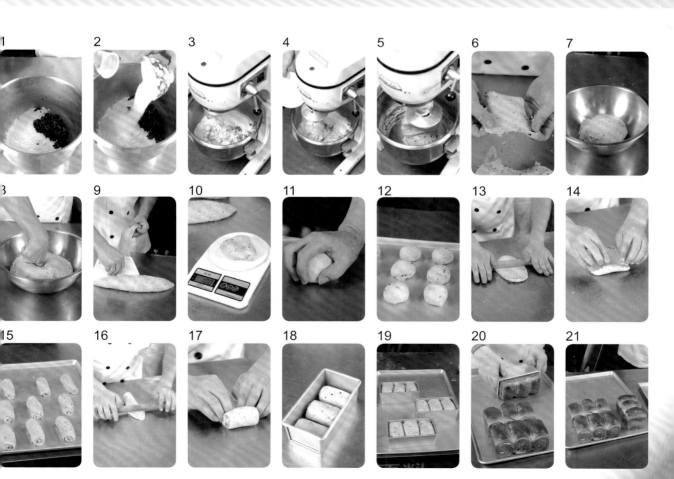

乳酸優格土司
Yogurt Toast

材料

高筋粉	900g
低筋粉	100g
鹽	10g
細砂糖	140g
乾酵母	12g
優格（固態）	100g
優酪乳	100g
牛奶	400g
橄欖油	120g

模型：3 條 12 兩土司模

準備

粉類過篩。

作法

1. 高筋粉和低筋粉、乾酵母、鹽、細砂糖入攪缸（圖 1），加入優格，加優酪乳，勾狀攪拌（圖 2）。
2. 加入牛奶和橄欖油拌勻（圖 3），至麵筋擴展完成階段（圖 4）。
3. 入鋼盆基本發酵 60 分鐘，基本發酵完成（圖 5），發酵正常（圖 6）。
4. 分割（圖 7），分割 1 個 235g（圖 8），滾圓，鬆弛 15-20 分鐘（圖 9）。

整型

1. 鬆弛擀平（圖 10），翻面（圖 11），由外往內捲起（圖 12）。
2. 鬆弛 15-20 分鐘（圖 13）鬆弛擀平（圖 14）翻面（圖 15），由外往內捲起（圖 16）。
3. 放入 12 兩吐司模，1 模兩個，最後發酵 50 分鐘（圖 17），發酵完成（圖 18）。
4. 表面刷蛋液，以上火 160℃/下火 200℃烘烤 30~35 分鐘（圖 19）。出爐（圖 20），脫模（圖 21）。

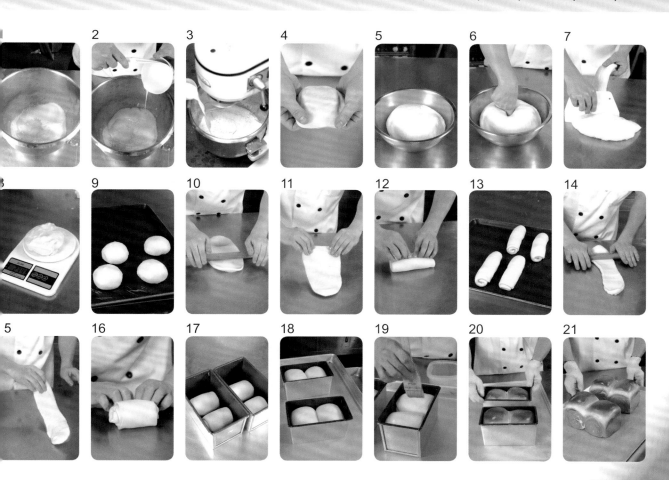

薏仁竹炭土司
Pearl Barley & Charcoal Toast

材料

高筋粉	1000g
竹炭粉	20g
熟薏仁	150g
鹽	10g
細砂糖	120g
乾酵母	12g
水	200g
牛奶	400g
橄欖油	100g

模型：2 條 24 兩土司模

準備

粉類過篩。

作法

1. 高筋粉、竹炭粉和乾酵母、鹽、細砂糖入攪缸 (圖 1)，加入熟薏仁和牛奶 (圖 2)，勾狀攪拌。
2. 加入水 (圖 3)，加入橄欖油 (圖 4)，攪拌，均勻 (圖 5)。
3. 至麵筋擴展完成階段 (圖 6)，入鋼盆基本發酵 60 分鐘 (圖 7)。
4. 基本發酵完成 (圖 8)，發酵正常 (圖 9)，分割 (圖 10)，1 個 235g(圖 11)。
5. 滾圓 (圖 12)，鬆弛 15-20 分鐘 (圖 13)。

整型

1. 鬆弛好，擀平 (圖 14)，翻面 (圖 15)，由外往內捲起 (圖 16)，鬆弛 15-20 分鐘。
2. 鬆弛好 (圖 17) 擀平、翻面 (圖 18)，由外往內捲起 (圖 19)。
3. 入 24 兩吐司模，1 模四個，發酵 60 分鐘 (圖 20)。
4. 發酵好，加蓋，以上火 200℃ / 下火 200℃ 烘烤 30~35 分鐘 (圖 21)。

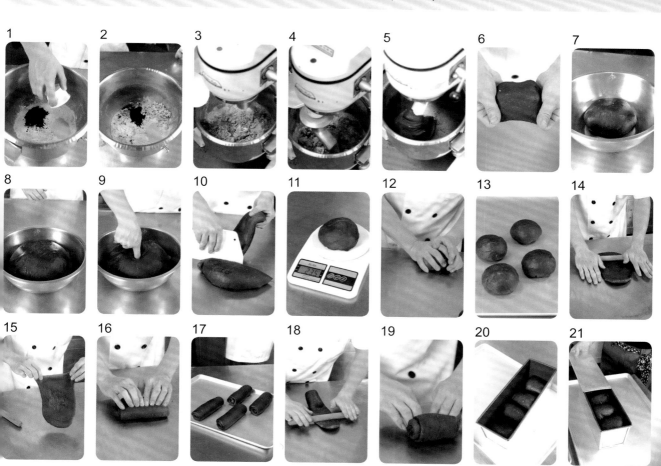

紅麴枸杞葡萄麵包
Matrimony Vine & Raisin Bread

材料

高筋粉	1000g
紅麴醬	150g
鹽	12g
細砂糖	140g
乾酵母	12g
雞蛋	100g
水	80g
牛奶	400g
橄欖油	100g

內餡

白葡萄	100g
枸杞	100g

數量：70g x 26 粒

準備

粉類過篩。

作法

1. 高筋粉、乾酵母、鹽、細砂糖入攪缸，加入紅麴醬 (圖 1)，加入牛奶，勾狀攪拌 (圖 2)。
2. 加水，加橄欖油 (圖 3)，攪拌拌勻 (圖 4)。
3. 至麵筋擴展完成階段 (圖 5)，入鋼盆基本發酵 60 分鐘 (圖 6)。
4. 發酵完成 (圖 7)，分割 (圖 8)，1 個 70g(圖 9)，滾圓 (圖 10)。
5. 鬆弛 15-20 分鐘 (圖 11)，鬆弛好，壓平 (圖 12)，包餡 (圖 13)，封口 (圖 14~15)。
6. 略壓 (圖 16)，最後發酵 50 分鐘 (圖 17)，發酵完成，表面塗蛋液 (圖 18)。
7. 塗好後表面撒杏仁角 (圖 19)，以上火 190℃ / 下火 160℃烘烤 14~15 分鐘 (圖 20)，出爐 (圖 21)。

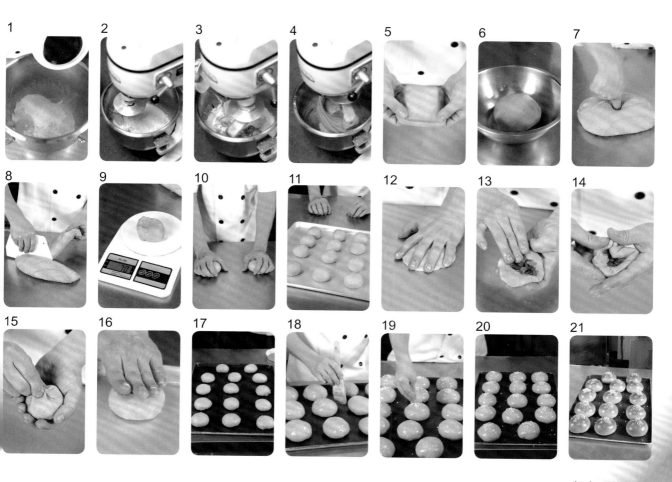

1
2
3
4
5
6
7
8
9
10
11
12
13
14
15
16
17
18
19
20
21

紅蘿蔔起司土司
Carrots & Cheese Toast

材料

高筋粉	900g
低筋粉	100g
切達起司粉	30g
鹽	10g
細砂糖	150g
乾酵母	12g
蘿蔔渣	200g
紅蘿蔔汁	400g
牛奶	120g
橄欖油	100g
乳酪丁	200g

模型：4 條 12 兩土司模

準備

粉類過篩。

作法

1. 高筋粉和低筋粉、起司粉、乾酵母、鹽、細砂糖入攪缸（圖 1）。
2. 加入蘿蔔渣、紅蘿蔔汁，勾狀攪拌；慢慢加入牛奶（圖 2）。
3. 加入橄欖油，稍微拌勻（圖 3），至麵筋擴展完成階段（圖 4）。
4. 入鋼盆基本發酵 60 分鐘（圖 5），發酵正常（圖 6），分割（圖 7），分割 1 個約 244-250g（圖 8），滾圓（圖 9），鬆弛 15-20 分鐘（圖 10），完成。

整型

1. 擀平，麵糰壓平整（圖 11），由外往內捲起（圖 12），捲起（圖 13）。
2. 完成後再鬆弛 15-20 分鐘（圖 14），擀平（圖 15），翻面。
3. 包入乳酪丁，由外往內捲起（圖 16），捲好（圖 17），入 12 兩吐司模（圖 18）。
4. 最後發酵 45-50 分鐘，發酵完成（圖 19)，表面刷蛋液，以上火 160 ℃ / 下火 200 ℃ 烘烤 30 分鐘（圖 20），出爐，脫模（圖 21）。

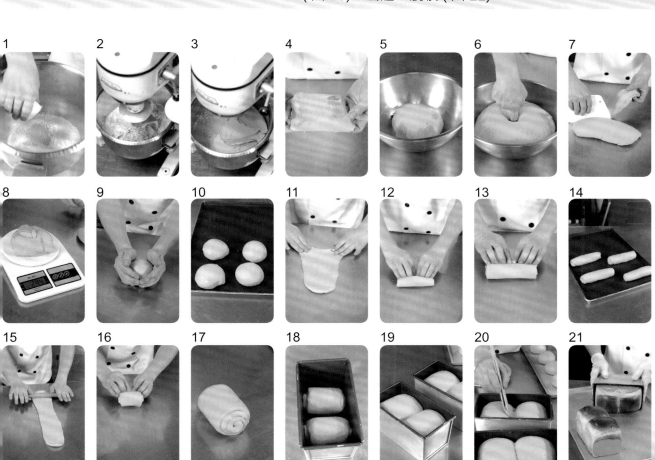

材料

高筋粉	1000g
熟紫米	200g
鹽	10g
細砂糖	160g
乾酵母	15g
水	200g
牛奶	400g
橄欖油	100g
麻糬	300g
杏仁片	50g

數量：70gx28 粒

準備

粉類過篩。

作法

1. 高筋粉、乾酵母、鹽、細砂糖入攪缸 (圖 1) 加入熟紫米 (圖 2)。
2. 加入牛奶，勾狀攪拌；加入水 (圖 3)，加入橄欖油 (圖 4)，拌勻，至麵筋擴展完成階段 (圖 5)。
3. 入鋼盆基本發酵 60 分鐘 (圖 6)，基本發酵完成 (圖 7)，發酵正常 (圖 8)。
4. 分割成 1 個 70g(圖 9)，滾圓 (圖 10)，鬆弛 15-20 分鐘 (圖 11)。

整型

1. 鬆弛完成，壓平 (圖 12)，包入麻糬 (圖 13)，收口 (圖 14-15)，完成 (圖 16)。
2. 最後發酵 50 分鐘，發酵好 (圖 17)，表面刷蛋液 (圖 18)。
3. 撒杏仁片 (圖 19)，以上火 200℃ / 下火 170℃ 烘烤 15 分鐘 (圖 20)，出爐 (圖 21)。

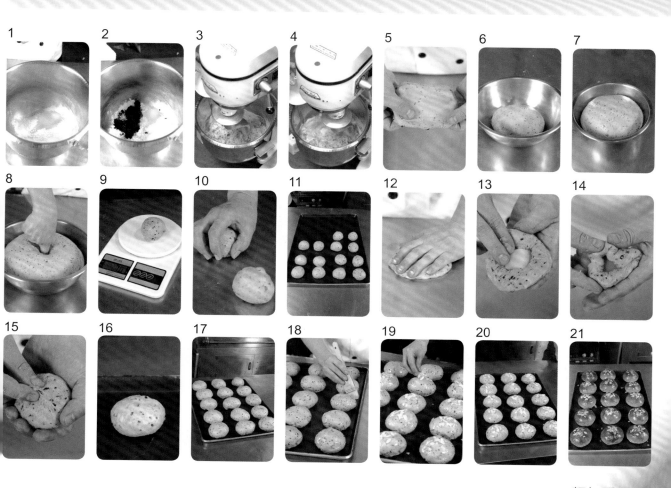

山藥百合麵包
Chinese Yam and Lily Bread

材料

高筋粉	850g
山藥粉	150g
鹽	12g
細砂糖	160g
乾酵母	12g
雞蛋	120g
水	130g
牛奶	400g
橄欖油	100g
百合	200g
枸杞	100g
山藥餡	500g
白芝麻	20g

模型：
80gx24 粒紙模

準備

粉類過篩。

作法

1. 高筋粉和山藥粉、乾酵母、鹽、細砂糖、全蛋入攪缸，加牛奶 (圖 1)。
2. 以勾狀攪拌 (圖 2)，加水 (圖 3)、加橄欖油，攪拌拌勻。
3. 至麵筋擴展完成階段 (圖 4)，入鋼盆基本發酵 60 分鐘 (圖 5)，發酵完成。
4. 分割 (圖 6)，1 個 80g(圖 7)，滾圓 (圖 8)，鬆弛 15-20 分鐘 (圖 9)。
5. 鬆弛好，擀平、翻面 (圖 10)，抹山藥餡 (圖 11)，放枸杞 (圖 12)，放百合 (圖 13)。
6. 由外往內捲起 (圖 14)，捲起 (圖 15)，搓長，入紙模 (圖 16)，最後發酵 50 分鐘 (圖 17)。
7. 發酵完成，表面刷蛋液 (圖 18)，撒白芝麻 (圖 19)，以上火 200℃ / 下火 170℃烘烤 16-17 分鐘 (圖 20)，出爐 (圖 21)。

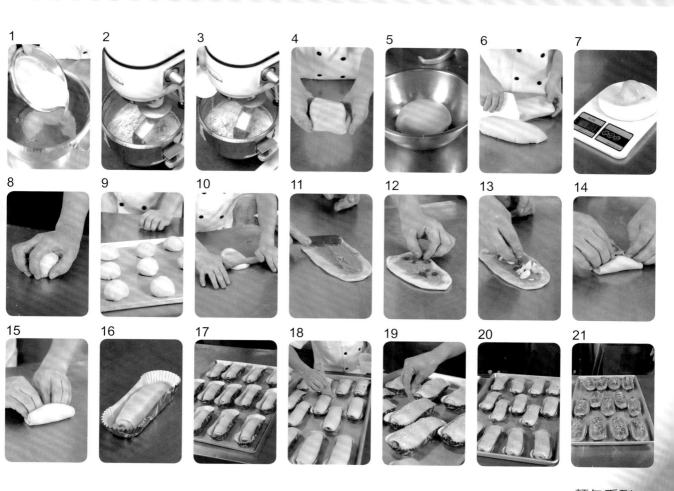

養生桂圓枸杞麵包

Longan & Matrimony Vine Bread

材料

80g×23 粒
編號 400 鋁箔
模型

高筋粉	900g
低筋粉	100g
鹽	10g
細砂糖	120g
乾酵母	12g
桂圓醬	200g
牛奶	400g
橄欖油	100g
核桃	300g
枸杞	120g
桂圓醬	
龍眼乾	150g
養樂多	2 瓶
蘭姆酒	30g

準備

粉類過篩。桂圓醬製作：全部材料入盆拌勻醃漬即可。

作法

1. 高筋粉和低筋粉、乾酵母、鹽、細砂糖入攪缸 (圖 1)，加入桂圓醬 (圖 2)。
2. 加入牛奶，勾狀攪拌 (圖 3)，加入橄欖油，攪拌、拌勻 (圖 4)。
3. 至麵筋擴展完成階段 (圖 5)，入鋼盆基本發酵 60 分鐘 (圖 6)，發酵完成 (圖 7)。
4. 分割 (圖 8)，1 個 80g(圖 9)，滾圓 (圖 10)，鬆弛 15-20 分鐘 (圖 11)。
5. 擀平、翻面 (圖 12)，放核桃 (圖 13)，放枸杞 (圖 14)，由外往內捲起 (圖 15)，捲起。
6. 略搓長 (圖 16)，入模內，最後發酵 40 分鐘 (圖 17)，發酵完成 (圖 18)。
7. 表面刷蛋液 (圖 19)，以上火 200℃ / 下火 170℃烘烤 16-18 分鐘 (圖 20)，出爐 (圖 21)。

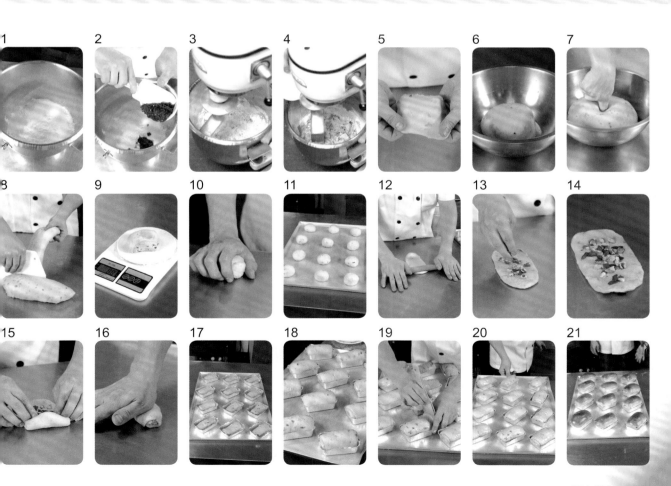

牛蒡核果麵包
Burdock & Nuts Bread

材料

高筋粉	900g
低筋粉	100g
鹽	12g
黑糖	150g
乾酵母	15g
雞蛋	120g
水	200g
牛奶	280g
橄欖油	80g

內餡

蜜核桃	200g
牛蒡	200g
熟白芝麻	30g

數量：22 粒

準備

粉類過篩。

作法

1. 高筋粉和低筋粉、乾酵母、鹽、黑糖入攪缸 (圖 1)，加入全蛋 (圖 2)。
2. 加入牛奶，勾狀攪拌 (圖 3)，加入水，加入橄欖油 (圖 4)，攪拌、拌勻。
3. 至麵筋擴展完成階段 (圖 5)，入鋼盆基本發酵 60 分鐘 (圖 6)，發酵完成 (圖 7)。
4. 分割 (圖 8)，1 個 80g(圖 9)，滾圓 (圖 10)，鬆弛 15-20 分鐘 (圖 11)。
5. 鬆弛完成，蜜桃核、牛蒡、熟白芝麻混合拌勻 (圖 12)，麵團壓平 (圖 13)，放餡 (圖 14)。
6. 包起，封口 (圖 15)，略壓 (圖 16)，最後發酵 50 分鐘，發酵完成 (圖 17)。
7. 表面刷蛋液 (圖 18)，撒核桃 (圖 19)，以上火 200℃ / 下火 170℃烘烤 14-15 分鐘 (圖 20)，出爐 (圖 21)。

松子洛神麵包
Pine Nut Lo-shen Bread

材料

高筋粉	800g
低筋粉	200g
鹽	10g
細砂糖	140g
乾酵母	12g
雞蛋	100g
牛奶	500g
橄欖油	100g
起酥片	3 張
內餡	
松子	150g
洛神花	200g

數量：80gx22 粒

準備

粉類過篩。

作法

1. 高筋粉和低筋粉、乾酵母、鹽、細砂糖、全蛋入攪缸 (圖 1)，加入牛奶，勾狀攪拌 (圖 2)。
2. 加橄欖油，攪拌、拌勻，至麵筋擴展完成階段 (圖 3)。
3. 入鋼盆基本發酵 60 分鐘 (圖 4)，發酵完成 (圖 5)，分割 (圖 6)，1 個 80g。
4. 滾圓 (圖 7)，鬆弛 15-20 分鐘 (圖 8)，鬆弛好，松子、洛神花拌勻 (圖 9)。
5. 麵糰壓平 (圖 10)，放餡料 (圖 11)，包起，封口 (圖 12)，排盤、略壓 (圖 13)，最後發酵 50 分鐘 (圖 14)。
6. 發酵完成，表面刷蛋液 (圖 15)，取起酥片，切 2cm 寬 (圖 16)，放於麵糰上；放十字型 (圖 17)。
7. 起酥片表面塗蛋液 (圖 18)，撒松子 (圖 19)，以上火 200℃ / 下火 180℃烘烤 14-15 分鐘 (圖 20)，出爐 (圖 21)。

亞麻子黑豆麵包
Flax Seeds & Black Bean Bread

材料

高筋粉	900g
低筋粉	100g
鹽	10g
細砂糖	150g
乾酵母	12g
雞蛋	100g
牛奶	500g
橄欖油	80g
內餡	
亞麻子	200g
蜜黑豆	200g

數量：100gx18 粒

準備

粉類過篩。

作法

1. 高筋粉和低筋粉、乾酵母、鹽、細砂糖入攪缸 (圖1)，加入全蛋。
2. 加入亞麻子，加牛奶 (圖2)，加橄欖油，攪拌、拌勻 (圖3)。
3. 至麵筋擴展完成階段 (圖4)，基本發酵60分鐘 (圖5)，發酵完成 (圖6)。
4. 分割 (圖7)，分割1個約100-101g(圖8)，滾圓 (圖9)，鬆弛 15-20 分鐘 (圖10)。
5. 鬆弛好 (圖11)，擀平、翻面 (圖12)，放黑豆 (圖13)，由外往內捲起 (圖14)，整型 (圖15)，置烤盤 (圖16)。
6. 表面劃割紋路 (圖17)，最後發酵 50 分鐘 (圖18)，發酵完成 (圖19)。
7. 表面刷蛋液，以上火 190℃ / 下火 170℃烘烤 15-16 分鐘 (圖20)，出爐 (圖21)。

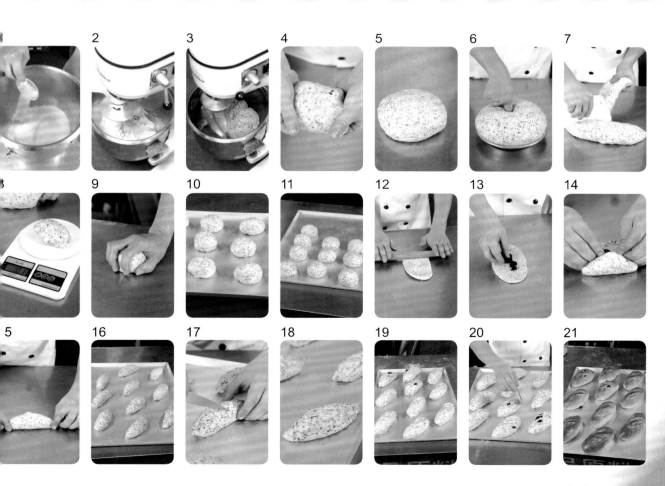

燕麥胚芽麵包
Oats and Gemmule Bread

材料

高筋粉	800g
燕麥	100g
胚芽粉	100g
鹽	10g
黑糖	160g
乾酵母	12g
水	200g
牛奶	400g
橄欖油	100g
裝飾穀粒	300g

數量：18 粒

準備

粉類過篩。

作法

1. 高筋粉和燕麥、胚芽粉、乾酵母、鹽、黑糖入攪缸 (圖 1)，加牛奶勾狀攪拌 (圖 2)。

2. 加水 (圖 3)，加橄欖油 (圖 4)，攪拌、拌勻 (圖 5)。

3. 至麵筋擴展完成階段 (圖 6) 入鋼盆基本發酵 60 分鐘 (圖 7)，發酵完成 (圖 8)。

4. 分割 (圖 9)，1 個 100g，滾圓 (圖 10)，鬆弛 15-20 分鐘。

5. 鬆弛好 (圖 11)，壓平、翻面 (圖 12)，由外往內捲起 (圖 13)，整型 (圖 14)。

6. 搓長條 (圖 15)，置烤盤，表面灑水 (圖 16)，沾裝飾穀粒 (圖 17)，置烤盤 (圖 18)。

7. 最後發酵 50 分鐘 (圖 19)，發酵完成，以上火 200℃ / 下火 180℃烘烤 15 分鐘 (圖 20)，出爐 (圖 21)。

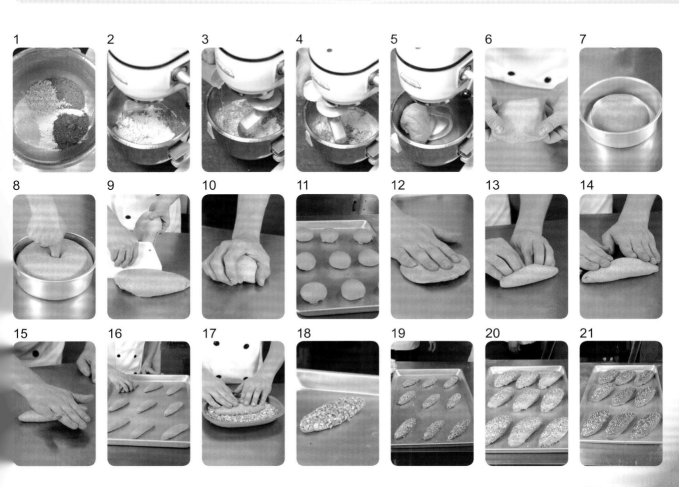

田園南瓜麵包
Pumpkin Bread

材料

高筋粉	900g
南瓜粉	100g
鹽	10g
細砂糖	150g
乾酵母	10g
雞蛋	120g
水	280g
牛奶	200g
橄欖油	100g
內餡	
南瓜子	200g
南瓜餡	800g

數量：30 粒

準備

粉類過篩，南瓜餡分割 1 個 20g。

作法

1. 高筋粉、乾酵母、鹽、細砂糖入攪缸 (圖 1)，加入全蛋、南瓜粉、牛奶 (圖 2)。
2. 勾狀攪拌 (圖 3)，加水，加橄欖油 (圖 4)，攪拌，至麵筋擴展完成階段 (圖 5)。
3. 入鋼盆基本發酵 60 分鐘 (圖 6)，發酵完成 (圖 7)，分割 (圖 8)，1 個 60g(圖 9)。
4. 滾圓；鬆弛 15-20 分鐘 (圖 10)，鬆弛好 (圖 11)，南瓜餡搓長條 (圖 12)。
5. 分割 1 個 20g(圖 13)，南瓜皮搓長條 (圖 14)，分割 1 個 22-23g(圖 15)。
6. 南瓜皮滾圓備用 (圖 16)，南瓜餡略壓 (圖 17)，包入南瓜子 (圖 18)，封口，完成 (圖 19)。
7. 麵團略壓 (圖 20)，南瓜餡包入南瓜麵糰中 (圖 21)，封口 (圖 22-23)。

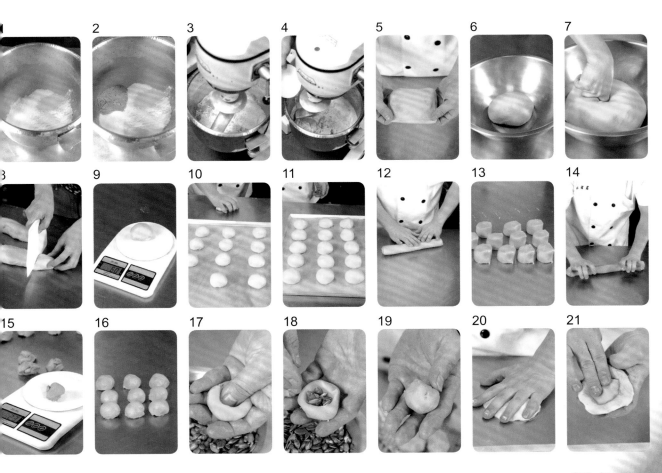

田園南瓜麵包
Pumpkin Bread

南瓜皮 材料

高筋粉	200g
低筋粉	200g
菠菜粉	15g
無鹽奶油	200g
鹽	3g
水	160g

作法

8. 置烤盤 (圖 24)，將做好南瓜皮擀平 (圖 25)，放入南瓜麵糰 (圖 26)。
9. 外皮使用菠菜麵皮，將南瓜麵糰包起 (圖 27)，由四邊包起 (圖 28)，封口 (圖 29)。

整型

1. 整型 (圖 30)，切割紋路 (圖 31)，中間往下壓 (圖 32)，壓好，表面刷蛋液 (圖 33)。
2. 放未烤南瓜子 (圖 34)，最後發酵 50 分鐘 (圖 35)。
3. 發酵完成，以上火 180℃ /160℃烘烤 17-18 分鐘 (圖 36)，出爐 (圖 37)。

南瓜皮 作法

1. 乾粉類過篩、奶油入攪缸 (圖 38)，慢慢加入水 (圖 39)，攪拌 (圖 40)。
2. 拌勻成糰 (圖 41)，包保鮮膜，鬆弛 20 分鐘 (圖 42)。

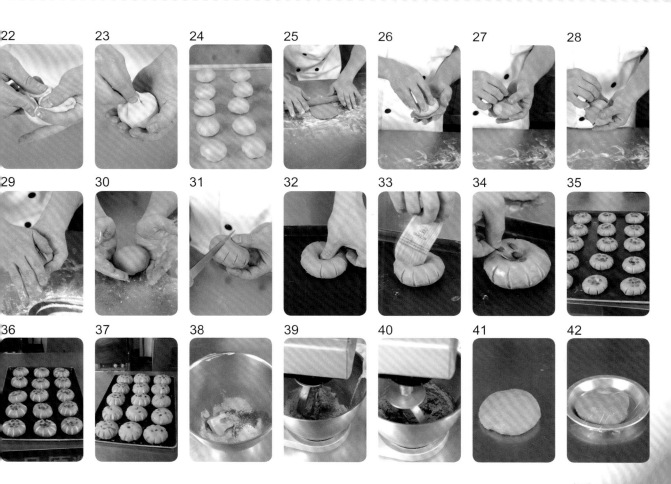

蔓越莓菠蘿麵包
Cranberry Bolo Bread

材料

數量：
50gx38 粒

材料	
高筋粉	800g
低筋粉	200g
鹽	10g
細砂糖	160g
乾酵母	12g
雞蛋	120g
牛奶	500g
橄欖油	100g
內餡	
蔓越莓	100g
蔓越莓菠蘿皮	
無鹽奶油	240g
糖粉	160g
蔓越莓粉	80g
切碎蔓越莓	80g
低筋粉	400g
雞蛋	150g

準備

粉類過篩。

作法

1. 高筋粉和低筋粉、乾酵母、鹽、細砂糖、全蛋入攪缸 (圖 1)，加入牛奶 (圖 2)。
2. 加入橄欖油，拌勻，至麵筋擴展完成階段 (圖 3)，入鋼盆基本發酵 60 分鐘 (圖 4)。
3. 基本發酵完成 (圖 5)，分割，1 個 50g，滾圓 (圖 6)。
4. 鬆弛 15-20 分鐘 (圖 7) 鬆弛好後先放蔓越莓菠蘿皮，再放麵糰 (圖 8)，略壓。
5. 皮在下，麵糰在上 (圖 9)，將麵糰塞入菠蘿皮內 (圖 10)，包入菠蘿皮 (圖 11)。
6. 包好略壓 (圖 12)，最後發酵 50 分鐘，完成後以上火 190℃ / 下火 160℃ 烘烤 14-15 分鐘 (圖 13)，出爐 (圖 14)。

蔓越莓菠蘿皮作法

準備：糖粉、蔓越莓粉過篩；低筋粉過篩。

1. 奶油入攪缸，糖粉、蔓越莓粉加入攪缸 (圖 15)，漿狀攪拌 (圖 16)。
2. 加入全蛋及粉類拌勻，成糰，包保鮮膜鬆弛 20 分鐘 (圖 17)。
3. 菠蘿皮麵糰略整型 (圖 18)，蔓越莓切碎，放入皮中 (圖 19)。
4. 包起，拌勻 (圖 20)，搓成長條狀，分割 1 個 25g(圖 21)。

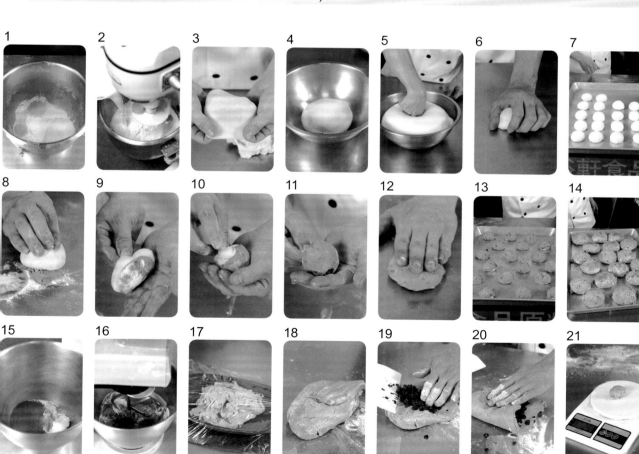

黃金乳酪起司餐包
Golden Cheese Roll

材料

數量：
55g x 35 粒

高筋粉	900g
低筋粉	100g
鹽	10g
細砂糖	160g
乾酵母	10g
帕瑪森起司粉	30g
切達起司粉	30g
雞蛋	150g
牛奶	480g
橄欖油	100g
內餡	
乳酪丁	350g
比薩起司絲	150g
熊茴草	5g

準備

粉類過篩。

作法

1. 高筋粉和低筋粉、起司粉、乾酵母、鹽、細砂糖入攪缸 (圖 1)，加入全蛋 (圖 2)。

2. 加入牛奶，加入橄欖油 (圖 3)，攪拌 (圖 4) 拌勻，至麵筋擴展完成階段 (圖 5)。

3. 整型成糰，入盆基本發酵 60 分鐘 (圖 6)，發酵完成 (圖 7)，分割 (圖 8)，1 個 55g，滾圓 (圖 9)。

4. 鬆弛 15-20 分鐘 (圖 10)，鬆弛好，壓平 (圖 11)，包入乳酪丁 (圖 12)，包起 (圖 13)，封口 (圖 14)，略壓 (圖 15)，最後發酵 50 分鐘 (圖 16)。

5. 發酵完成，表面刷蛋液 (圖 17)，表面撒比薩起司絲 (圖 18)，撒熊茴草 (圖 19)，以上火 200℃ / 下火 170℃烘烤 13-14 分鐘 (圖 20)，出爐 (圖 21)。

檸檬乳酪麵包
Lemon Cheese Bread

材料

高筋粉	900g
低筋粉	100g
鹽	10g
細砂糖	180g
乾酵母	12g
雞蛋	120g
牛奶	480g
橄欖油	120g
乳酪醬	
奶油乳酪	250g
無鹽奶油	100g
糖粉	100g
雞蛋	100g
卡士達粉	125g
優格粉	20g
檸檬汁	20g
檸檬皮	5g

模型：
30 粒紙模

準備

粉類過篩。

作法

1. 高筋粉和低筋粉、乾酵母、鹽、細砂糖、全蛋入攪缸 (圖 1)。
2. 勾狀攪拌，加入牛奶 (圖 2)，加入橄欖油，拌勻。
3. 至麵筋擴展完成階段 (圖 3)，入鋼盆基本發酵 60 分鐘 (圖 4)。
4. 基本發酵完成 (圖 5)，分割 1 個 60g，滾圓，鬆弛 15-20 分鐘 (圖 6)。
5. 鬆弛取出壓平 (圖 7)，放乳酪醬 (圖 8)，包起封口 (圖 9)，放入紙模；最後發酵 50 分鐘 (圖 10)。
6. 發酵完成，表面刷蛋液 (圖 11)，剪裂十字痕 (圖 12)，以上火 190℃/下火 170℃烘烤 14-15 分鐘 (圖 13)，出爐 (圖 14)。

乳酪醬 作法

準備：粉類過篩。

1. 奶油乳酪、奶油入攪缸 (圖 15)，過篩糖粉，加入拌勻 (圖 16)，槳狀攪拌。
2. 至奶油發白，加入全蛋 (圖 17) 拌勻，加優格粉、卡士達粉；拌勻 (圖 18)。
3. 加檸檬汁、檸檬皮 (圖 19)，拌勻即可 (圖 20)，分割 1 個 20g(圖 21)。

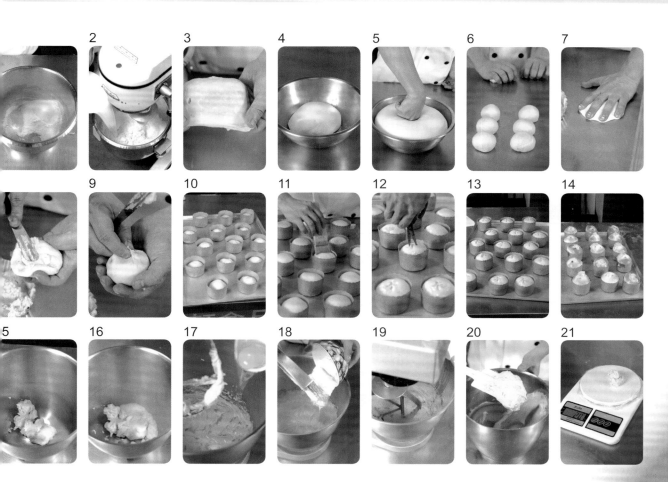

紅棗蓮子麵包
Red Date and Lotus Seed Bread

材料

高筋粉	1000g
紅棗醬	200g
鹽	12g
細砂糖	160g
乾酵母	12g
水	100g
牛奶	300g
橄欖油	100g
內餡	
蜜蓮子	200g
棗泥餡	500g

數量：30 粒

準備

粉類過篩。

作法

1. 高筋粉和乾酵母、鹽、細砂糖入攪缸 (圖 1)，加紅棗醬 (圖 2)，加牛奶 (圖 3)。
2. 勾狀攪拌，加入水 (圖 4)，加橄欖油，攪拌、拌勻 (圖 5)，至麵筋擴展完成階段 (圖 6)。
3. 入盤基本發酵 60 分鐘 (圖 7)，發酵完成 (圖 8)，分割 (圖 9)，1 個 65g。
4. 滾圓 (圖 10)，鬆弛 15-20 分鐘 (圖 11)，鬆弛好，壓平 (圖 12)，包蜜蓮子 (圖 13)。
5. 收口 (圖 14)，封口 (圖 15)，略壓 (圖 16)，最後發酵 50 分鐘。
6. 發酵完成 (圖 17)，表面刷蛋液 (圖 18)，再放蓮子 (圖 19)，以上火 200°C / 下火 170°C烘烤 14-15 分鐘 (圖 20)，出爐 (圖 21)。

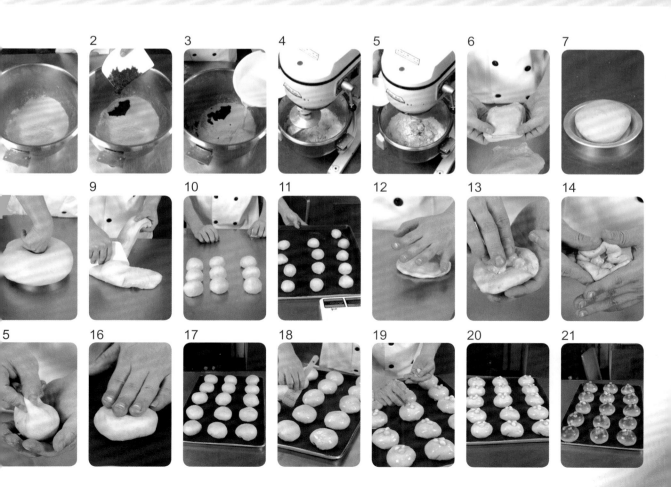

蛋糕系列 ~cakes~

材料

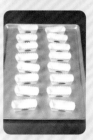

雞蛋	500g
鹽	3g
細砂糖	350g
發粉	15g
低筋粉	500g
橄欖油	300g
養樂多	4 罐
蘭姆酒	20g
桂圓乾	300g
枸杞	20g

模型：
紙模 7cm x 2cm

準備

粉類一起過篩 (圖 1)。

作法

1. 桂圓乾切碎和養樂多、蘭姆酒浸泡兩小時 (圖 2)。
2. 雞蛋和鹽、細砂糖入缸 (圖 3)，以網狀攪拌器攪拌 (圖 4)，打發至稠狀 (圖 5)。
3. 加入過篩粉類攪拌 (圖 6)，中途需刮缸，再攪拌 3 分鐘，打至濃稠狀 (圖 7)。
4. 接著加入桂圓乾、枸杞 (圖 8)，攪拌均勻，再加入橄欖油 (圖 9)，攪拌均勻。
5. 再用橡皮刮刀將麵糊拌勻 (圖 10)，裝入擠花袋 (圖 11)，擠入模型 (圖 12)，以上火 200 ℃ / 下火 160 ℃烘烤 25 分鐘 (圖 13)，出爐，蛋糕冷卻 (圖 14)。

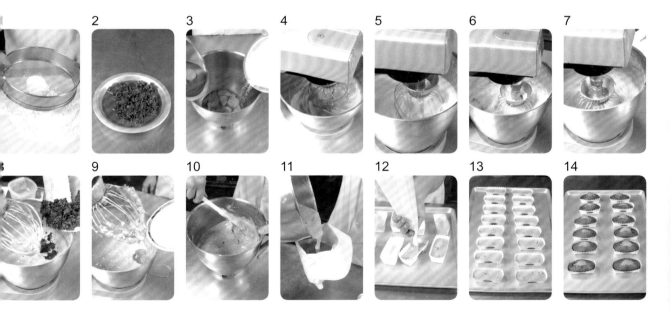

人蔘枸杞蛋糕
Ginseng & Matrimony Vine Cake

材料

模型：小圓模

雞蛋	600g
鹽	3g
細砂糖	400g
發粉	15g
人蔘粉	30g
低筋粉	480g
橄欖油	280g
人蔘酒	200g
枸杞	100g

準備

枸杞倒入人蔘酒，浸泡至枸杞軟化 (圖 1)，粉類一起過篩 (圖 2)。

作法

1. 全蛋入攪拌缸，加鹽、細砂糖 (圖 3)，網狀攪打 (圖 4)，至稠狀且變白 (圖 5)。

2. 加粉類 (圖 6)，攪拌 4 分鐘，人蔘枸杞酒全部倒入，拌勻 (圖 7)。

3. 加入橄欖油，拌勻 (圖 8)，裝入擠花袋，擠入模型 (八分滿) (圖 9)。

4. 以上火 200℃ / 下火 170℃烘烤 25 分鐘 (圖 10)，出爐 (圖 11)。

5. 另一款蛋糕出爐 (圖 12)，冷卻，表面灑糖粉 (圖 13)，撒好 (圖 14)。

無花果黑糖蛋糕
Fig & Brown Sugar Cake

材料

蛋黃	180g
水	100g
黑糖	110g
橄欖油	150g
蘭姆酒	30g
低筋粉	210g
玉米粉	15g
蛋白	370g
鹽	3g
細砂糖	140g
酒漬無花果	200g

模型：60cmX39cm
鋪烤紙烤盤

準備

黑糖過篩好 (圖 1)，麵粉過篩 (圖 2)。

作法

1. 黑糖加水；入爐煮至糖溶化離爐，再加入橄欖油；拌勻 (圖 3)。
2. 加入蛋黃，加入藍姆酒；拌勻 (圖 4)，再加入過篩麵粉；拌勻 (圖 5)。
3. 無花果切丁，加入拌勻 (圖 6)，蛋白和鹽、細砂糖入缸 (圖 7)。
4. 以網狀攪拌 (圖 8)，打至發白濕性發泡 (圖 9)，1/2 蛋白糊加入蛋黃糊中，拌勻 (圖 10)。
5. 再回倒入原缸內 (圖 11)，倒入烤盤，抹平 (圖 12)。
6. 以上火 190℃ / 下火 140℃烘烤 15 分鐘，出爐 (圖 13)。
7. 桌面鋪烤紙將蛋糕倒扣，撕掉烤紙 (圖 14)，蛋糕體鋪烤紙 (圖 15)，翻面拿走烤紙。蛋糕冷卻裝飾 (圖 16)。

整型

1. 蛋糕體上抹打發鮮奶油 (圖 17)。
2. 蛋糕體表面劃刀 (圖 18)，捲起 (圖 19)，捲好 (圖 20)，食用時切片 (圖 21)。

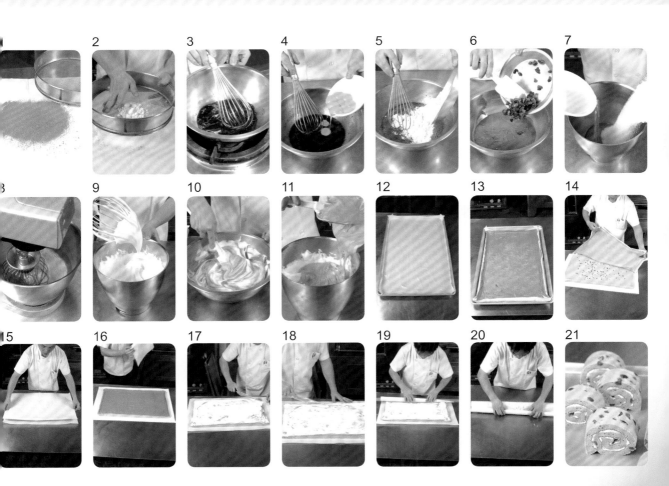

無花果黑糖蛋糕
Fig & Brown Sugar Cake

酒漬無花果　材料

材料	份量
無花果乾	150g
細砂糖	20g
水	60g
麥芽	20g
蘭姆酒	80g

酒漬無花果　作法

1. 細砂糖、水、麥芽、蘭姆酒加入鍋；加入無花果 (圖 1)。
2. 煮至無花果熟軟入味即可 (圖 2)。

酒漬蔓越莓蛋糕

Wine Preserved Cranberry Cake

材料

蛋白	450g
細砂糖	220g
鹽	3g
蛋黃	230g
橄欖油	140g
牛奶	160g
低筋粉	220g
蔓越莓	100g
蘭姆酒	100g
鮮奶油	300g

模型：60cmX39cm
鋪烤紙烤盤

準備

低筋粉過篩 (圖 1)，蔓越莓與蘭姆酒先拌勻；再擠乾蔓越莓水分 (圖 2)，撒於鋪烤紙盤上 (圖 3)。

作法

1. 橄欖油和牛奶入鋼盆，攪拌均勻 (圖 4)，加熱至 50℃，加入蛋黃，拌勻 (圖 5)。
2. 再加入過篩的低筋粉，攪拌均勻備用 (圖 6)，蛋白放入攪拌缸，加細砂糖、鹽 (圖 7)，網狀攪拌 (圖 8)，打發至濕性發泡 (圖 9)。
3. 1/2 蛋白糊倒入蛋黃麵糊中，拌勻 (圖 10)，再倒回原攪缸，攪拌均勻 (圖 11)。
4. 倒入烤盤，抹平 (圖 12)，以上火 200℃ / 下火 140℃烘烤 15 分鐘 (圖 13)，出爐，蛋糕冷卻裝飾 (圖 14)。

整型

1. 桌面鋪烤紙，將蛋糕體倒扣 (圖 15)，撕烤紙 (圖 16)，表面放烤紙，再翻面 (圖 17)。
2. 去烤紙，抹打發鮮奶油 (圖 18)，捲起 (圖 19)，捲好 (圖 20)，食用時切片 (圖 21)。

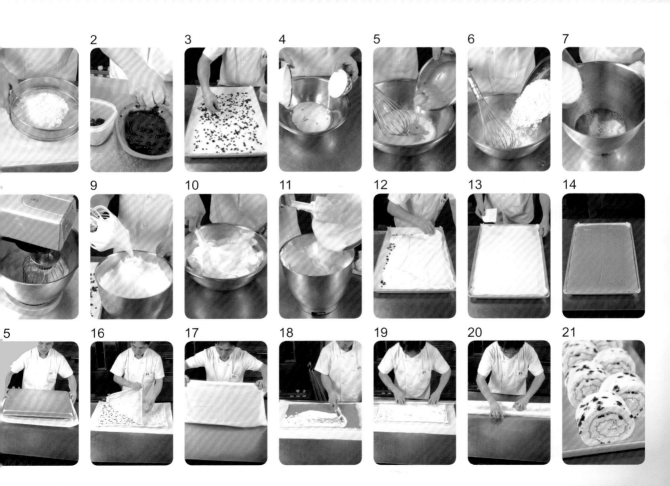

材料

蛋黃	200g
牛奶	150g
金萱茶粉	10g
橄欖油	160g
低筋粉	210g
蛋白	380g
鹽	2g
細砂糖	180g
脆茶梅	200g
鮮奶油裝飾用	

模型：60cmX39cm
鋪烤紙烤盤

準備

低筋粉過篩 (圖 1)，1/2 切碎脆茶梅撒於烤盤上 (圖 2)。

作法

1. 橄欖油和牛奶入鋼盆，攪拌均勻 (圖 3)，加熱至 60℃，加入金萱茶粉，攪拌均勻 (圖 4)。
2. 加入粉類，攪拌均勻 (圖 5)，加入蛋黃，攪拌均勻 (圖 6)，加入 1/2 切碎脆茶梅，攪拌均勻備用 (圖 7)。
3. 蛋白入攪缸，加入鹽、細砂糖 (圖 8)，網狀攪拌 (圖 9)，打發至濕性發泡 (圖 10)。
4. 1/2 蛋白糊加入蛋黃糊中 (圖 11)，拌勻再倒回原攪缸，拌勻 (圖 12)。
5. 倒入烤盤，將麵糊抹平 (圖 13)，以上火 190℃ / 下火 140℃烘烤 15 分鐘 (圖 14)，出爐，蛋糕冷卻裝飾 (圖 15)。

整型

1. 桌面鋪烤紙，將蛋糕體倒扣，撕掉烤紙 (圖 16)，再翻面 (圖 17)，抹打發鮮奶油 (圖 18)。
2. 蛋糕體表面劃刀 (圖 19)，捲起 (圖 20)，食用時切片 (圖 21)。

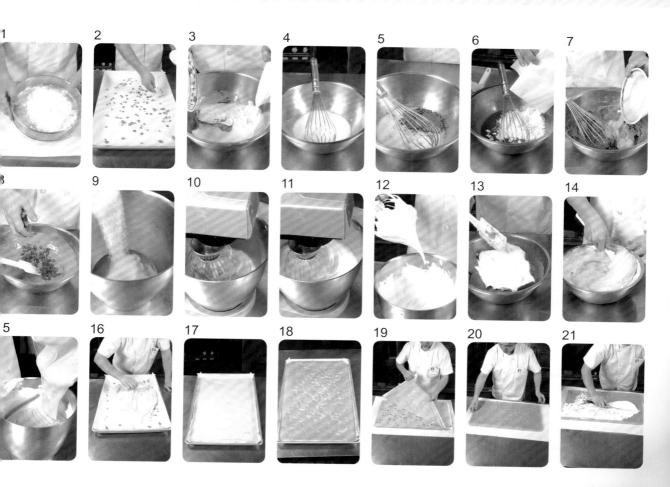

蓮子茶香蛋糕
Lotus Seeds and Tea Flavored Cake

材料

模型：60cmX39cm
鋪烤紙烤盤

蛋黃	220g
牛奶	150g
抹茶粉	8g
橄欖油	160g
低筋粉	220g
蛋白	400g
鹽	2g
細砂糖	190g
蜜蓮子	150g
鮮奶油裝飾用	

準備

低筋粉過篩 (圖 1)，烤盤上撒蓮子 (圖 2)。

作法

1. 橄欖油入鋼盆 (圖 3)，加牛奶，攪拌均勻 (圖 4)，煮至 60℃，加入過篩抹茶粉，攪拌均勻 (圖 5)。
2. 加蛋黃，攪拌均勻 (圖 6)，加入過篩的麵粉，拌勻備用 (圖 7)，蛋白入攪缸；加入鹽、細砂糖 (圖 8)。
3. 網狀攪拌 (圖 9)，打發至濕性發泡 (圖 10)，加入 1/2 蛋白糊至蛋黃糊，攪拌均勻 (圖 11)。
4. 再倒回原攪拌缸，拌勻 (圖 12)，倒入烤盤，將麵糊抹平 (圖 13)。
5. 以上火 200℃ / 下火 140℃烘烤 15 分鐘 (圖 14)，出爐，蛋糕冷卻裝飾 (圖 15)。

整型

1. 鮮奶油入攪拌缸 (圖 16)，網狀攪打 (圖 17) 至打發。桌面鋪烤紙，將蛋糕體倒扣，撕掉烤紙，再鋪烤紙，翻面，撕掉烤紙 (圖 18)，抹打發鮮奶油 (圖 19)。
2. 捲起 (圖 20)，食用時切片即可 (圖 21)。

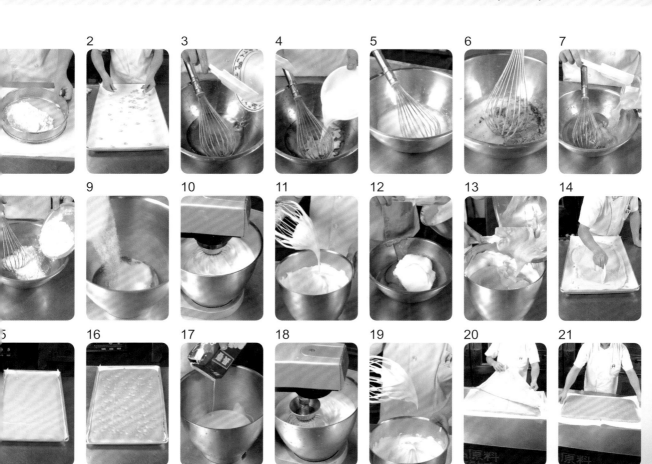

黑糖栗香蛋糕
Brown Sugar & Chestnuts Cake

材料

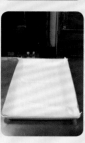

全蛋	580g
鹽	3g
黑糖	200g
蜂蜜	50g
牛奶	60g
無鹽奶油	40g
低筋粉	210g
玉米粉	40g
栗子豆沙	250g
打發鮮奶油	400g

模型：60cmX39cm
鋪烤紙烤盤

準備

黑糖、鹽過篩 (圖 1)，低筋粉與玉米粉過篩 (圖 2)。

作法

1. 全蛋、鹽、黑糖入缸 (圖 3)，網狀攪拌，拌勻 (圖 4)，打發至濃稠狀 (圖 5)。
2. 奶油入鋼盆，加牛奶、加蜂蜜 (圖 6)，攪拌均勻 (圖 7)，加熱至 60℃ 左右 (圖 8)。
3. 倒入 1/2 蛋糊，攪拌均勻 (圖 9)，加粉類拌勻 (圖 10)，再回倒入原缸內，拌勻 (圖 11)。
4. 倒入烤盤，抹平 (圖 12)，以上火 200℃ / 下火 140℃烘烤 15 分鐘 (圖 13)，出爐，翻面，撕掉烤紙 (圖 14)，再翻面；取下烤紙 (圖 15)。

餡料

1. 栗子豆沙加入打發鮮奶油 (圖 16)，攪拌均勻；蛋糕體表面抹餡料 (圖 17)，捲起 (圖 18)。
2. 食用時切片 (圖 19)，蛋糕體上放紙片，撒黑糖 (圖 20)，撒好取下紙片，置烤盤上 (圖 21)。

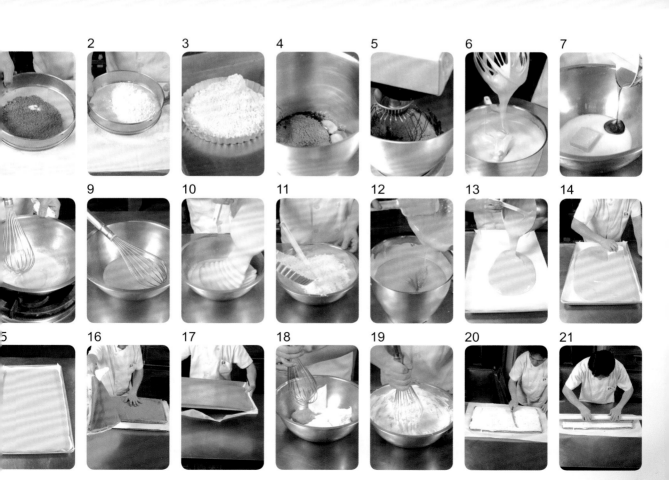

桂圓紅棗蛋糕
Longan & Red Date Cake

材料

全蛋	600g
鹽	2g
黑糖	80g
細砂糖	160g
紅棗醬	120g
桂圓乾	50g
橄欖油	50g
低筋粉	200g
玉米粉	30g
打發鮮奶油	300g

模型：60cmX39cm
鋪烤紙烤盤

準備

桂圓乾切碎，低筋粉、玉米粉過篩(圖1)，黑糖過篩(圖2)。

作法

1. 全蛋入攪拌缸，加鹽、細砂糖(圖3)，加入黑糖攪拌(圖4)，網狀攪拌，打發(圖5)，至濃稠狀(圖6)。
2. 紅棗醬加入鋼盆，加橄欖油，攪拌均勻(圖7)，加桂圓乾，拌勻(圖8)，加入1/2蛋糊拌勻(圖9)。
3. 再加入粉類，拌勻(圖10)，再回倒入原攪拌缸拌勻(圖11)。
4. 倒入烤盤抹平(圖12)，以上火200℃/下火140℃烘烤15分鐘(圖13)，出爐，蛋糕冷卻，裝飾(圖14)。

整型

1. 桌面鋪烤紙，將蛋糕體倒扣(圖15)，撕掉烤紙，再鋪烤紙(圖16)，再翻面(圖17)，抹打發鮮奶油(圖18)。
2. 蛋糕體表面劃刀(圖19)，捲起(圖20)，食用時切片(圖21)。

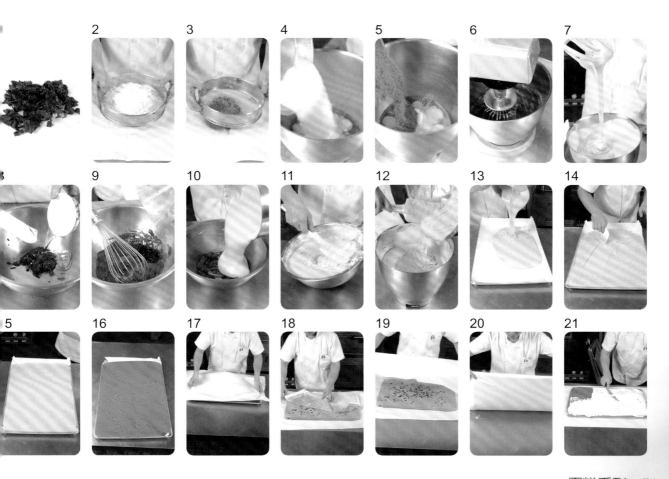

優格乳酸黑豆蛋糕
Yogurt and Black Bean Cake

材料

模型：

57cmX37cm

烤盤

蛋白 (1)	150g
牛奶	100g
優酪乳	100g
橄欖油	150g
低筋粉	250g
蛋白 (2)	380g
鹽	2g
細砂糖	200g
蜜黑豆	150g

內餡

打發鮮奶油	200g
抹茶粉	5g
優酪乳	50g

準備

低筋粉過篩 (圖 1)。

內餡作法

抹茶粉、優酪乳、打發鮮奶油入鋼盆，拌勻 (圖 2)。

作法

1. 橄欖油入鋼盆，加入優格 (圖 3)，加入鮮奶油，拌勻煮至 50℃ (圖 4)，離火加入蛋白 (1)，快速拌勻 (圖 5)。
2. 蛋白 (2) 倒入攪拌缸 (圖 6)，加細砂糖、鹽，網狀攪拌 (圖 7)，至濕性發泡 (圖 8)。
3. 1/2 打發蛋白加入蛋白麵糊，攪拌均勻，再回倒入打發蛋白攪拌缸中，攪拌均勻 (圖 9)，加入粉類，拌勻 (圖 10)。
4. 烤盤上撒黑豆，麵糊倒入烤盤，(圖 11)，麵糊抹平，以上火 200℃ / 下火 140℃烘烤約 15 分鐘 (圖 12)。
5. 出爐，蛋糕冷卻夾餡裝飾 (圖 13)。

整型

1. 蛋糕體翻面，撕掉烤紙 (圖 14)，對半切 (圖 15)，一半翻面 (圖 16)，表面抹餡料 (圖 17)。
2. 放上另一半蛋糕 (圖 18)，修邊 (圖 19)，切割 5.5cm (圖 20)，再切成長方形 (圖 21)。

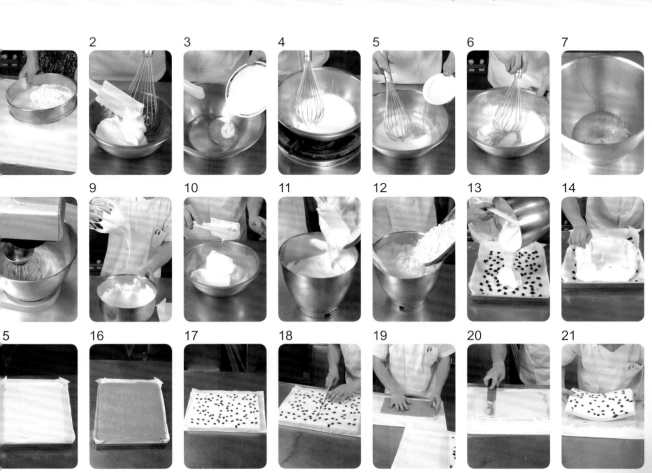

材料

模型鋪烤紙

蛋白	600g
細砂糖	300g
雞蛋	400g
煮熟紅豆	600g
薏仁粥	300g
橄欖油	100g
牛奶	100g
米霖	50g
發粉	10g
低筋粉	360g

準備

1. 薏仁製作:先泡水2小時,以1杯薏仁:1.5杯水烹煮。
2. 粉類一起過篩(圖1)。

作法

1. 全蛋入鋼盆;拌勻(圖2),煮熟紅豆壓成泥,加入盆中,攪拌均勻(圖3),加入薏仁粥;拌勻(圖4)。
2. 加入牛奶,攪拌均勻,加入橄欖油拌勻(圖5),加入米霖;拌勻備用(圖6),蛋白入攪拌缸(圖7)。
3. 加入細砂糖,網狀攪拌(圖8),打發(圖9),至濕性發泡(圖10)。
4. 1/2打發蛋白加入紅豆麵糊中,攪拌均勻(圖11),加入粉類,攪拌均勻(圖12)。
5. 再回倒入原打發蛋白攪缸中,拌勻(圖13),倒入烤盤,抹平(圖14)。
6. 以上火200℃/下火160℃烘烤50分鐘(圖15),出爐(圖16)。

整型

蛋糕體修四邊(圖17),切割7cmX3cm大小(圖18),切割(圖19-20),切割好(圖21)。

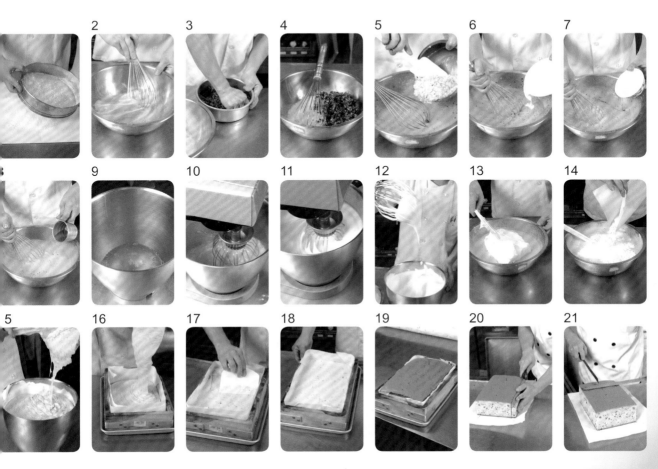

材料

模型

無鹽奶油	120g
地瓜泥	300g
細砂糖	150g
鹽	3g
雞蛋	250g
蛋黃	60g
發粉	8g
玉米粉	30g
低筋粉	180g
杏仁粒	120g

準備

發粉、玉米粉、低筋粉過篩 (圖 1)。

作法

1. 奶油、地瓜泥入攪拌缸 (圖 2)，槳狀攪拌 (圖 3)，攪拌至奶油發白，加入細砂糖、鹽 (圖 4)。
2. 攪拌均勻 (圖 5)，加入 1/2 全蛋 (圖 6)，拌勻刮缸 (圖 7)，加入剩下 1/2 全蛋，攪拌均勻 (圖 8)。
3. 粉類加入攪拌均勻 (圖 9)，裝入擠花袋 (圖 10)，擠入模型 (圖 11)。
4. 表面放上杏仁粒 (圖 12)，以上火 200℃ / 下火 160℃烘烤約 25 分鐘 (圖 13)，出爐 (圖 14)。

優格巧克力蛋糕
Yogurt Chocolate Cake

材料

無鹽奶油	200g
糖粉	120g
蛋黃	125g
檸檬汁	6g
優格粉	15g
優格巧克力	30g
發粉	5g
低筋粉	220g
蛋白	150g
細砂糖	60g
鹽	2g

模型 : 7cm 空心模

準備

糖粉、低筋粉與發粉過篩 (圖 1) · 優格巧克力隔水加熱;溶化 (圖 2) · 空心模噴烤盤油 (圖 3)。

作法

1. 奶油入攪拌缸 (圖 4) · 加入糖粉 (圖 5) · 漿狀打發至奶油變白 (圖 6) · 刮缸 (圖 7)。
2. 加入蛋黃 (圖 8) · 攪拌均勻 (圖 9) · 加入優格粉 (圖 10) · 拌勻刮缸 (圖 11) · 加檸檬汁 (圖 12) · 拌勻刮缸 (圖 13)。
3. 加入溶化巧克力 (圖 14) · 拌勻 (圖 15) · 優格麵糊入鋼盆備用 (圖 16) · 蛋白、細砂糖、鹽入攪拌缸 (圖 17)。
4. 網狀攪打 (圖 18) · 打發 (圖 19) · 至濕性發泡 (圖 20) · 1/2 蛋白糊加入優格麵糊中 (圖 21) · 拌勻 (圖 22)。

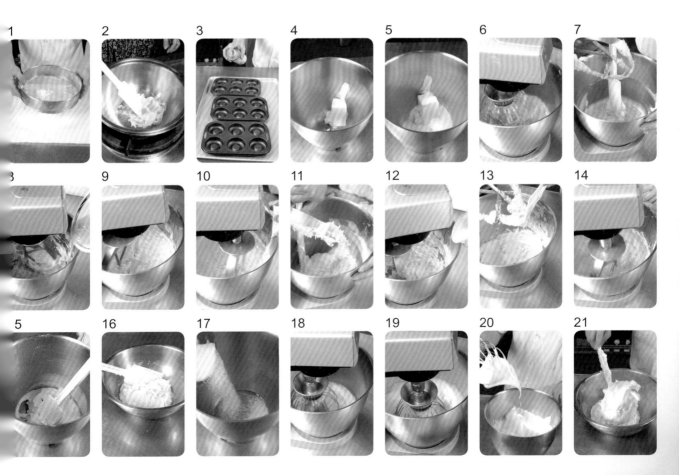

1
2
3
4
5
6
7

8
9
10
11
12
13
14

5
16
17
18
19
20
21

作法

5. 再倒回原攪拌缸內 (圖 23)，攪拌均勻 (圖 24)，粉類加入 (圖 25)，拌勻 (圖 26)，裝入擠花袋 (圖 27)。

6. 擠入模型後略敲 (圖 28)，以上火 200℃ / 下火 170℃烘烤約 25 分鐘 (圖 29)，出爐 (圖 30)，脫模 (圖 31)。

整型

1. 切割表面 (圖 32)，置圓盤上 (圖 33)，中間擠打發鮮奶油 (圖 34)。

2. 放蘋果片 (圖 35)，放奇異果、櫻桃 (圖 36)。

材料

模型

材料	份量
無鹽奶油	220g
糖粉	200g
蜂蜜	30g
奶油乳酪	200g
雞蛋	200g
蛋黃	80g
鮮奶油	120g
南瓜粉	80g
杏仁粉	80g
發粉	10g
低筋粉	230g
南瓜子	100g

準備

糖粉過篩，低筋粉、發粉過篩。(圖 1)。

作法

1. 奶油、過篩糖粉入攪拌缸 (圖 2)，加入蜂蜜 (圖 3)，打至奶油變白，漿狀攪拌 (圖 4)。
2. 加入奶油乳酪，攪拌均勻 (圖 5)，1/2 全蛋、蛋黃加入，拌勻 (圖 6)。
3. 剩下 1/2 全蛋、蛋黃加入 (圖 7)，拌勻刮缸 (圖 8)，鮮奶油分次加入，攪拌均勻 (圖 9)。
4. 加入南瓜粉，攪拌均勻 (圖 10)，加入杏仁粉 (圖 11)，拌勻刮缸 (圖 12)。
5. 加入粉類，攪拌均勻 (圖 13)，用橡皮刮刀攪拌 (圖 14)，裝入擠花袋 (圖 15)，擠入模型製 1/2 (圖 16)。

整型

1. 表面放南瓜子 (圖 17)，再擠麵糊 (圖 18)，表面再放南瓜子 (圖 19)。
2. 以上火 190℃ / 下火 160℃烘烤 25 分鐘 (圖 20)，出爐 (圖 21)。

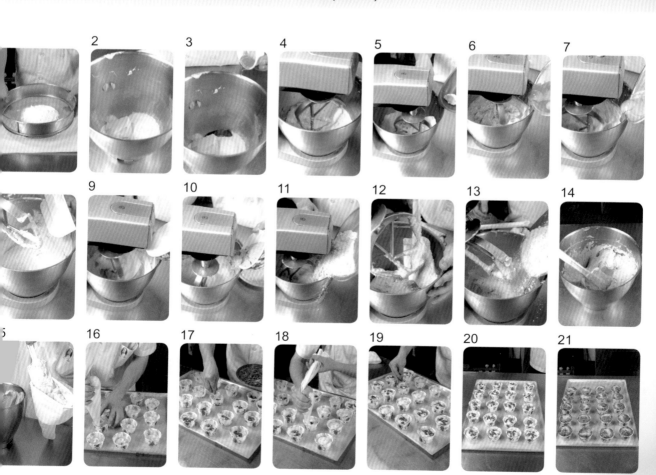

杏仁葡萄蛋糕
Almond Raisin Cake

材料

模型

無鹽奶油	225g
糖粉	190g
杏仁粉	80g
蛋黃	100g
泡打粉	5g
低筋粉	190g
高筋粉	30g
蛋白	180g
細砂糖	80g
鹽	3g
葡萄乾	120g
蘭姆酒	30g
杏仁片	50g

準備

白葡萄乾加蘭姆酒；拌勻 (圖 1)，糖粉過篩 (圖 2)，杏仁粉、泡打粉、低筋粉、高筋粉過篩 (圖 3)。

作法

1. 奶油、糖粉入攪拌缸 (圖 4)，槳狀攪拌，打至奶油變白 (圖 5)。
2. 加入蛋黃，攪拌均勻 (圖 6)，裝入鋼盆 (圖 7)，蛋白、細砂糖、鹽入攪拌缸 (圖 8)。
3. 網狀攪拌，打發 (圖 9)，至濕性發泡 (圖 10)，1/2 打發蛋白加入蛋黃麵糊中，拌勻 (圖 11)。
4. 再回倒入原蛋白攪拌缸 (圖 12)，加入粉類 (圖 13)，拌勻 (圖 14) 裝入擠花袋 (圖 15)。
5. 擠入模型 (圖 16)，放入葡萄乾 (圖 17)，表面再擠麵糊 (圖 18)。
6. 麵糊上撒上杏仁片 (圖 19)，以上火 200°C / 下火 170°C烘烤約 30 分鐘 (圖 20)，出爐 (圖 21)。

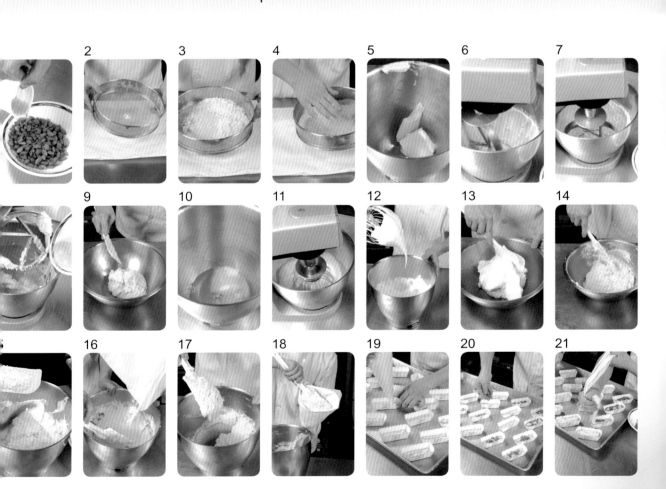

紅麴寒天奶凍蛋糕
Red Rice and Hang-tien Cake

材料

模型：60cmX39cm
鋪烤紙烤盤

材料	
全蛋	600g
鹽	2g
細砂糖	220g
牛奶	60g
紅麴醬	100g
無鹽奶油	60g
低筋粉	220g
玉米粉	50g
寒天奶凍	500g
打發鮮奶油	300g
卡士達醬	200g

作法

1. 全蛋入攪拌缸；加入細砂糖 (圖 1)，網狀攪拌；打發 (圖 2)，至發白、濃稠狀 (圖 3)。
2. 奶油、牛奶入鋼盆；加蜂蜜拌勻 (圖 4)，加熱至 60℃ 左右 (圖 5)，加入紅麴醬 (圖 6)，攪拌均勻 (圖 7)。
3. 1/2 蛋糊倒入；拌勻 (圖 8)，加入過篩的低筋麵粉與 玉米粉 (圖 9)，拌勻 (圖 10)。
4. 倒入原攪拌缸；拌勻 (圖 11)，倒入烤盤 (圖 12)，抹平 (圖 13)。
5. 以上火 200℃ / 下火 140℃ 烘烤 15 分鐘 (圖 14)，出爐 (圖 15)。

整型

1. 桌面鋪烤紙，蛋糕體倒扣翻面；拿起烤盤，撕掉烤紙 (圖 16)，再鋪烤紙 (圖 17)，翻面。
2. 取烤紙 (圖 18)，將卡士達粉、牛奶入盆 (圖 19)，拌勻 (圖 20)，加入打發鮮奶油 (圖 21)。

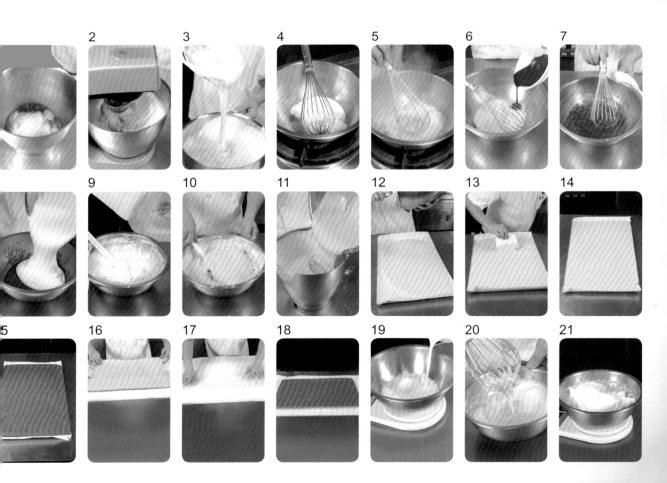

紅麴寒天奶凍蛋糕
Red Rice and Hang-tien Cake

寒天奶凍材料

寒天粉	5g
水	300g
牛奶	500g
細砂糖	120g
枸杞	10g

作法

1. 拌勻(圖22)抹於蛋糕體上(圖23)，放上寒天奶凍(圖24)，再擠打發鮮奶油(圖25)，捲起(圖26)，食用時切片(圖27)。
2. 牛奶、水入鋼盆(圖28)，加入細砂糖、寒天粉(圖29)，拌勻煮滾(圖30)。
3. 加入枸杞，入模冷藏至硬(圖31)，奶凍切條(圖32)。

22 23 24 25 26 27 28

29 30 31 32

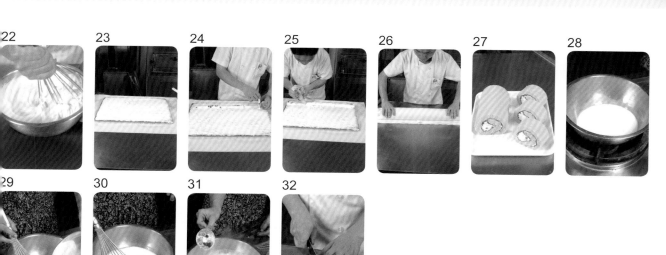

材料

蛋白	600g
細砂糖	280g
雞蛋	200g
紫米粥	300g
橄欖油	100g
牛奶	80g
米霖	30g
發粉	10g
低筋粉	280g

內餡

Q 心麻糬	300g
打發鮮奶油	200g

模型:60cmX39cm
鋪烤紙烤盤

作法

1. 紫米先泡水 2 小時,以 1 杯紫米 : 1.5 杯水烹煮。
2. 全蛋入鋼盆拌勻 (圖 1),加入紫米粥,攪拌均勻 (圖 2),加入牛奶拌勻 (圖 3),再加入橄欖油、米霖拌勻備用。
3. 蛋白入攪拌缸 (圖 4),加入細砂糖,網狀攪拌,打發 (圖 5),至濕性發泡 (圖 6)。
4. 1/2 蛋白糊加入紫米麵糊中,拌勻 (圖 7),將發粉與低筋麵粉過篩加入,拌勻 (圖 8)。
5. 再倒回原攪拌缸,攪拌均勻 (圖 9),倒入烤盤 (圖 10),麵糊抹平 (圖 11)。
6. 以上火 200℃ / 下火 140℃烘烤 18 分鐘 (圖 12),出爐,蛋糕冷卻,裝飾 (圖 13)。

整型

1. 桌面鋪烤紙,蛋糕體倒扣翻面,撕烤紙 (圖 14),再翻面 (圖 15),抹打發鮮奶油 (圖 16)。
2. 放麻糬條 (圖 17),切掉多餘的麻糬條 (圖 18),再擠打發鮮奶油 (圖 19),捲起 (圖 20),食用時切片 (圖 21)。

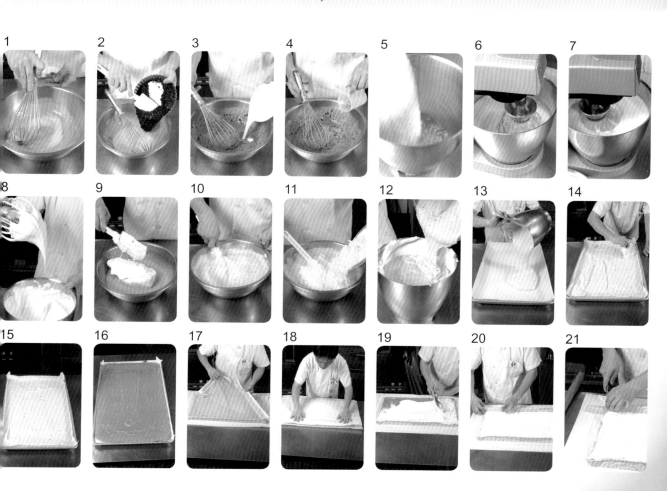

餅乾系列 ~cookies~

紅麴芝麻餅乾
Red Rice & Sesame Cookies

材料

無鹽奶油	50g
細砂糖	80g
鹽	5g
水	130g
雞蛋	50g
酵母粉	5g
發粉	4g
紅麴醬	100g
黑芝麻粉	40g
中筋粉	500g
熟白芝麻	40g

模型：8cm 菊花圓模

作法

1. 過篩中筋粉、酵母粉入攪拌缸 (圖 1)，加入細砂糖、加發粉、鹽 (圖 2)。
2. 加黑芝麻粉、熟白芝麻、奶油、全蛋、紅麴醬 (圖 3)，漿狀攪拌 (圖 4)，慢慢加入水，拌勻 (圖 5)。
3. 攪拌成糰 (圖 6)，蓋上保鮮膜鬆弛 30 分鐘 (圖 7)。

整型

1. 桌面撒手粉；放鬆弛好的麵糰 (圖 8)，擀平 (圖 9)，表面撒手粉擀平，再撒粉 (圖 10)，擀平 (圖 11)。
2. 厚度約 0.1cm~0.2cm 鬆弛 20 分鐘 (圖 12)，鬆弛好後以 8cm 菊花圓模壓形狀 (圖 13)。
3. 置烤盤上以上火 190℃ / 下火 160℃烘烤約 18 分鐘 (圖 14)。

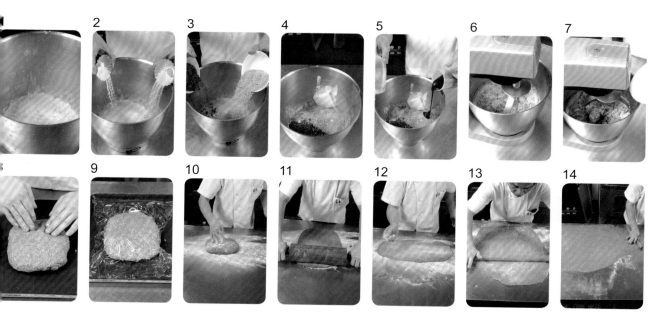

黑糖胚芽餅乾
Brown Sugar Gemmule Cookies

材料

無鹽奶油	60g
黑糖	100g
鹽	4g
水	170g
雞蛋	60g
發粉	6g
胚芽粉	20g
中筋粉	500g
熟白芝麻	50g

準備

粉類過篩 (圖 1) 黑糖過篩 (圖 2)。

作法

1. 粉類、黑糖、鹽、胚芽粉、熟白芝麻入攪拌缸 (圖 3)，加入奶油、全蛋 (圖 4)。
2. 槳狀攪拌，水慢慢加入，拌勻 (圖 5)，攪拌成糰 (圖 6)，蓋上保鮮膜鬆弛 30 分鐘 (圖 7)。
3. 取出壓平，擀平 (圖 8)，擀開成一大片 (圖 9)，切割 7cmX5cm 長條狀 (圖 10)。
4. 切割 (圖 11)，排盤 (圖 12)，以上火 190℃ / 下火 160℃烘烤約 15 分鐘 (圖 13)，出爐 (圖 14)。

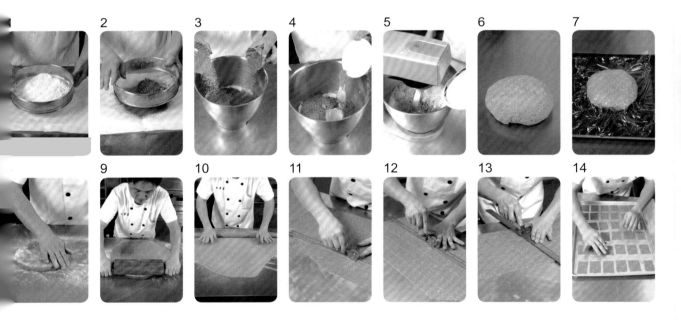

蓮藕杏仁餅乾

Lotus Rhizome & Almond Cookies

材料

無鹽奶油	280g
糖粉	220g
鹽	3g
雞蛋	180g
蓮藕粉	50g
杏仁粉	20g
發粉	8g
低筋粉	420g
杏仁角	100g

準備

所有粉類過篩。

作法

1. 低筋粉、發粉、糖粉、鹽、杏仁角入攪拌缸 (圖 1)，加入蓮藕粉、杏仁粉 (圖 2)。
2. 加入奶油 (圖 3)，漿狀攪拌，全蛋慢慢加入，拌勻 (圖 4)，移入盆中 (圖 5)。
3. 蓋保鮮膜冰藏 20 分鐘 (圖 6)，取出整形 (圖 7)，搓長條 (圖 8)。
4. 分割 (圖 9)，1 個 25g(圖 10)，置烤盤 (圖 11)，肉槌先冰鎮、沾粉，再壓平麵糰 (圖 12)。
5. 以上火 180℃ / 下火 150℃烘烤 25 分鐘 (圖 13)，出爐 (圖 14)。

南瓜紅梅餅乾
Pumpkin & Cranberry Cookies

材料

無鹽奶油	300g
糖粉	280g
鹽	3g
雞蛋	200g
南瓜粉	40g
發粉	8g
低筋粉	550g
南瓜子	80g
蔓越莓	50g

準備

所有粉類過篩。

作法

1. 將奶油、糖粉入攪缸 (圖 1)，槳狀攪拌 (圖 2)，打至奶油變白。
2. 慢慢加入全蛋，攪拌均勻 (圖 3)，加入南瓜粉，攪拌均勻，加入粉類 (圖 4)，攪拌均勻。
3. 加入南瓜子、蔓越莓，拌勻 (圖 5)，入盆 (圖 6)，蓋保鮮膜冰藏 30 分鐘，取出 (圖 7)。
4. 以刮刀攪拌 (圖 8)，搓成長條 (圖 9)，分割 1 個 25g(圖 10)、搓圓 (圖 11)、壓平 (圖 12)。
5. 壓好，以上火 180℃ / 下火 160℃ 烘烤 25 分鐘 (圖 13)，出爐 (圖 14)。

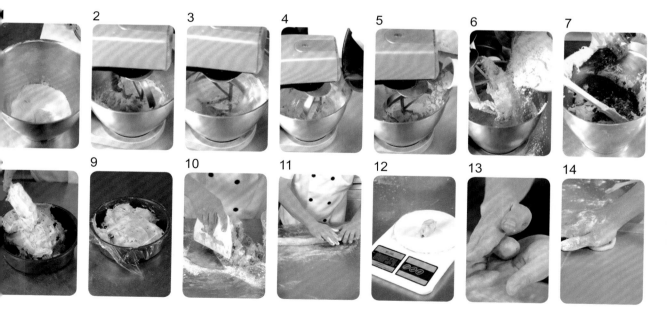

材料

無鹽奶油	225g
細砂糖	130g
全蛋	70g
奶油乳酪	80g
切達起司粉	15g
低筋粉	300g

準備

低筋粉、起司粉混合 (圖 1)，過篩 (圖 2)。

作法

1. 奶油入攪拌缸；加奶油乳酪、細砂糖 (圖 3)，漿狀攪拌；打至奶油變白 (圖 4)。
2. 慢慢加入全蛋，攪拌均勻 (圖 5)，加入粉類，攪拌均勻，用橡皮刮刀刮起 (圖 6)，入盆。
3. 包保鮮膜冰藏 20 分鐘，取出，以刮刀拌勻 (圖 7) 攪拌，壓平。
4. 包乳酪丁，包起壓均勻 (圖 8)，搓長條 (圖 9)，分割 1 個 25g，搓圓 (圖 10)，置烤盤。
5. 肉槌先冰鎮、沾粉，再壓平麵糰 (圖 11)，刷除多餘手粉 (圖 12)，以上火 180℃ / 下火 140℃烘烤約 25 分鐘 (圖 13)，出爐 (圖 14)。

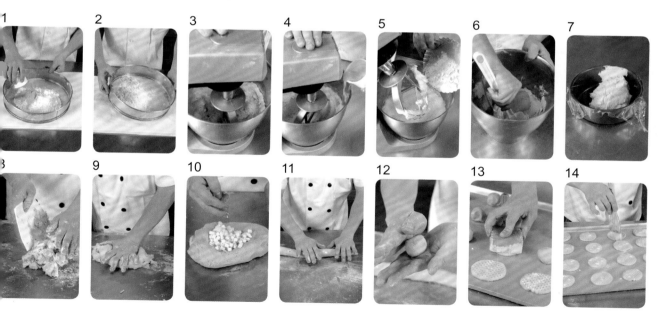

燕麥高纖堅果餅乾
High Fiber Oats & Nuts Cookies

材料

無鹽奶油	300g
糖粉	120g
黑糖	180g
雞蛋	180g
發粉	8g
可可粉	30g
燕麥片	330g
低筋粉	350g
葵瓜子	200g

準備

黑糖、可可粉、低筋粉過篩 (如左下圖)。

作法

1. 奶油、過篩糖粉、黑糖入攪拌缸 (圖 1)，漿狀攪拌 (圖 2) 慢慢加入全蛋，拌勻。

2. 加入粉類，攪拌均勻 (圖 3)，加入燕麥粉，拌勻 (圖 4)，加入葵瓜子 (圖 5)，攪拌均勻。

3. 入盆 (圖 6)，蓋保鮮膜冰藏 20 分鐘 (圖 7)，冰好取出攪拌 (圖 8)，分割麵糰 (圖 9)，1 個 25g(圖 10)。

4. 搓圓 (圖 11)，置烤盤壓平 (圖 12)，以上火 180 ℃ / 下火 160 ℃ 烘烤約 25 分鐘 (圖 13)，出爐 (圖 14)。

胡麻腰果脆餅
Sesame & Cashew Crunch Cookie

材料

低筋粉	200g
黑芝麻粉	50g
發粉	10g
鹽	3g
細砂糖	150g
雞蛋	100g
蛋黃	50g
腰果	200g
高筋粉 (手粉)	少許

準備

粉類過篩。腰果先烘烤至 8 分熟。

作法

1. 低筋粉和黑芝麻粉、發粉、鹽、細砂糖入鋼盆；加入全蛋，稍微拌勻 (圖 1)。
2. 加入腰果；拌勻 (圖 2)，拌勻切割 3 份 (圖 3)，整形成長條狀 (圖 4)。
3. 以上火 190℃ / 下火 170℃烘烤約 30 分鐘 (圖 5)，出爐 (圖 6)。
4. 切成厚約 0.3~0..4cm 的片 (圖 7)，排盤，放置烤箱內以溫度 0℃再悶烤約 15~20 分鐘即可出爐 (圖 8)。

2

3

4

5

6

7

山藥杏仁薄餅
Chinese Yam & Almond Crispy

材料

無鹽奶油	40g
細砂糖	30g
鹽	5g
水	250g
雞蛋	60g
高筋粉	420g
山藥粉	80g
杏仁粉	20g
(苦杏)	
杏仁角	50g
細砂糖	15g

作法

1. 乾性材料入攪拌缸(圖1)，加入全蛋(圖2)，加入奶油，慢慢加入水，以槳狀攪拌(圖3)，拌成糰(圖4)。
2. 蓋上保鮮膜鬆弛 60 分鐘(圖5)，分割 2 個，1 個 440g(圖6)，擀長，厚度約 0.05 公分(圖7)。
3. 置烤盤鬆弛 20 分鐘(圖8)，鬆弛好拉與 57cmX37cm 烤盤同大小(圖9)，使用輪刀修切四邊(圖10)。
4. 切割長 10cmX 寬 5cm，表面刷蛋液(圖11)，撒上杏仁角(圖12)。
5. 撒細砂糖以上火 190°C / 下火 140°C 烘烤約 8-10 分鐘(圖13)，出爐(圖14)。

海苔芝麻薄餅
Nori Sesame Crispy

材料

無鹽奶油	50g
細砂糖	30g
鹽	5g
水	200g
雞蛋	60g
高筋粉	450g
中筋粉	50g
白芝麻	50g
海苔粉	15g

準備

粉類先過篩。

作法

1. 乾粉、奶油、全蛋入攪拌缸，槳狀攪拌 (圖 1)，拌勻成糰 (圖 2)。
2. 蓋保鮮膜鬆弛 60 分鐘 (圖 3)，鬆弛好，分割 2 個，1 個 435g(圖 4)，壓平麵糰 (圖 5)。
3. 將拍好的麵糰擀長、再擀平，厚度約 0.05cm(圖 6)，置烤盤鬆弛 20 分鐘 (圖 7)。
4. 鬆弛好；拉與 57cm X 37cm 烤盤相同大小 (圖 8)，使用輪刀修切四邊，切割長 9 cmX 寬 10cm (圖 9)。
5. 切割後，再斜切三角形 (圖 10)，用刀修邊角，表面塗蛋液 (圖 11)。
6. 撒海苔粉、撒白芝麻 (圖 12)，放置烤箱內以上火 190℃ / 下火 140℃烘烤約 8-10 分鐘 (圖 13)，出爐 (圖 14)。

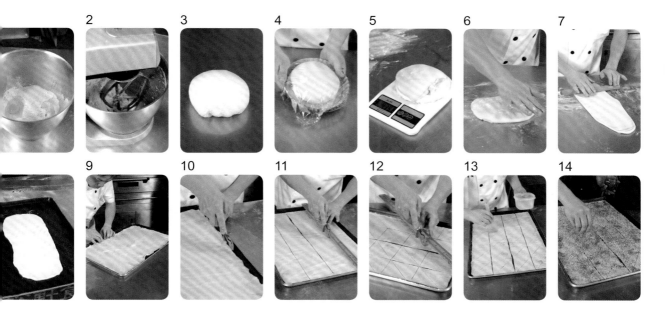

帕馬森乳酪起司棒
Parmesan Grissini

材料

高筋粉	500g
低筋粉	300g
酵母粉	15g
帕瑪森起司粉	80g
細砂糖	120g
鹽	10g
雞蛋	300g
牛奶	180g
無鹽奶油	60g
白芝麻	30g

準備

粉類先過篩。

作法

1. 所有乾性材料入攪拌缸，加入奶油、全蛋 (圖 1)，攪拌並慢慢加入鮮奶，攪拌均勻 (圖 2)。
2. 用手壓成糰狀 (圖 3)，入盆蓋保鮮膜鬆弛 30 分鐘；鬆弛好取出 (圖 4)。
3. 擀平厚度約 0.8cm(圖 5)，分割寬約 0.8cm -1cm 長條狀 (圖 6)，捲成麻花 (圖 7)。
4. 修齊邊緣 (圖 8)，以上火 190℃ / 下火 150℃烘烤約 20 分鐘；出爐 (圖 9)。

2

3

4

5

6

7

8

9

甜點系列 ~dessert~

養生芝麻奶酪
Sesame Panacotta

材料

模型：布丁模

牛奶	800g
動物鮮奶油	400g
細砂糖	150g
吉利丁片	25g
黑芝麻粉	120g
奇異果	適量
火龍果	適量
小蘋果	適量
水蜜桃	適量
鏡面果膠	適量
巧克力片	適量

準備

1. 牛奶入盆 (圖 1)，加入動物鮮奶油 (圖 2)，加熱至 80℃ (圖 3)，加細砂糖 (圖 4)，拌勻。
2. 加芝麻粉 (圖 5)，拌勻，加入泡軟吉利丁片 (圖 6)，拌勻，入模 (圖 7)。
3. 以噴火槍去氣泡 (圖 8)，冷卻至凝固 (圖 9)。

整型

1. 表面塗鏡面果膠，放水蜜桃 (圖 10)，放奇異果 (圖 11)，放火龍果 (圖 12)。
2. 放巧克力片及小蘋果 (圖 13)，放紙片 (圖 14)。

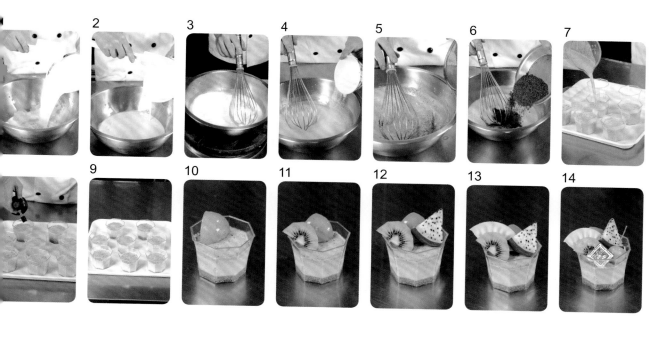

蜂蜜蘆薈奶酪

Honey and Aloes Panacotta

材料

模型：布丁模

牛奶	700g
動物鮮奶油	500g
細砂糖	120g
蜂蜜	40g
吉利丁片	25g
蘆薈丁	200g
奇異果	適量
火龍果	適量
蘋果片	適量
小蘋果	適量
鏡片果膠	適量

準備

1. 吉利丁片泡冰水軟化 (圖 1)，牛奶和動物鮮奶油入盆；加熱至 80℃ (圖 2)。
2. 加入細砂糖 (圖 3)，加入蜂蜜 (圖 4)，拌勻，取出吉利丁片 (圖 5)，加入拌勻，過濾 (圖 6)。
3. 模型內放入蘆薈 (圖 7)，入模 (圖 8)，以噴火槍去氣泡 (圖 9)，冷卻至凝固 (圖 10)。

整型

1. 表面塗鏡面果膠，放青蘋果片 (圖 11)，放奇異果 (圖 12)，放火龍果 (圖 13)。
2. 放小蘋果，放紙片 (圖 14)。

材料

模型

牛奶	500g
動物鮮奶油	130g
水	800g
細砂糖	60g
寒天粉	8g
杏仁粉	50g
奇異果	適量
水蜜桃	適量
小蘋果	適量
火龍果	適量
巧克力裝飾片	適量
鏡面果膠	適量
打發鮮奶油	適量

準備

1. 水入盆 (圖1)，加牛奶 (圖2)，加動物鮮奶油，加寒天粉 (圖3)。

2. 拌勻加熱至 100℃、離火 (圖4)，加細砂糖 (圖5)，加杏仁粉 拌勻。

3. 過篩 (圖6)，入模 (圖7)，以噴火槍去氣泡 (圖8)，冷卻至凝固 (圖9)。

整型

1. 表面擠鮮奶油 (圖10)，放蘋果片 (圖11)。

2. 放奇異果 (圖12)，放水蜜桃 (圖13)，放巧克力裝飾片 (圖14)。

材料

模型

牛奶	800g
薏仁粥	500g
細砂糖	150g
吉利丁片	20g
蜜紅豆	200g
打發鮮奶油	適量
熟薏仁	少許

準備

將薏仁先泡水 2 小時，以 1 杯薏仁加 1.5 杯水烹煮。

作法

1. 牛奶入盆 (圖 1)，加熱至 80℃ (圖 2)，加細砂糖 (圖 3)，加薏仁粥拌勻、離火 (圖 4)。
2. 加入泡軟吉利丁片 (圖 5)，拌勻 (圖 6)，紅豆入模 (圖 7)。
3. 薏仁奶入模 (圖 8)，以噴火槍去氣泡 (圖 9)，冷卻至凝固 (圖 10)。

整型

1. 表面擠打發鮮奶油 (圖 11)，放熟薏仁 (圖 12)。
2. 放紅豆 (圖 13)，放紙片 (圖 14)。

材料

牛奶	1000g
動物鮮奶油	300g
蛋白	400g
細砂糖	220g
熟紫米	1000g
奇異果	適量
水蜜桃	適量
巧克力裝飾片	1 片
打發鮮奶油	適量

模型：布丁模

準備

將紫米先泡水 2 小時，以 1 杯紫米加 1.5 杯水烹煮。

作法

1. 牛奶和動物鮮奶油入盆 (圖 1)，加熱至 80℃ (圖 2)，加入熟紫米 (圖 3)，拌勻 備用。
2. 蛋白、細砂糖入盆 (圖 4)，拌勻，紫米糊沖入拌勻 (圖 5)。
3. 倒入模型中 (圖 6)，以噴火槍去氣泡，隔水烤至凝固，上火 160℃ / 下火 160℃ 烤 40-50 分鐘 (圖 7)，出爐 (圖 8)。

整型

1. 表面擠打發鮮奶油 (圖 9)，放水蜜桃 (圖 10)，放奇異果 (圖 11)。
2. 放巧克力裝飾片 (圖 12)，放裝飾品 (圖 13)，放紙片 (圖 14)。

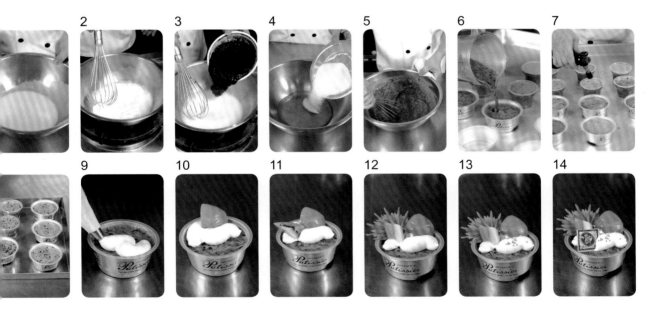

材料

牛奶	800g
動物鮮奶油	400g
雞蛋	320g
細砂糖	120g
抹茶粉	12g
蜜紅豆	150g
巧克力裝飾片	適量
打發鮮奶油	適量

模型：布丁模

準備

1. 全蛋入盆；加細砂糖 (圖 1)，攪拌好備用，牛奶入另一盆；加動物鮮奶油，加熱至 80℃ (圖 2) 加入抹茶粉 (圖 3)，拌勻，再沖入全蛋液盆中 (圖 4)，拌勻。
2. 再過篩 (圖 5)，布丁模放紅豆 (圖 6)，布丁液倒入模內；以噴火槍去氣泡 (圖 7)。
3. 隔水烘烤至凝固，以上火 160℃ / 下火 160℃ 烘烤 40~50 分鐘 (圖 8)，出爐 (圖 9)。

整型

1. 表面擠打發鮮奶油 (圖 10)，放紅豆 (圖 11)。
2. 放巧克力裝飾片 (圖 12)，放裝飾品 (圖 13)，放紙片 (圖 14)。

國家圖書館出版品預行編目（CIP）資料

健康養生烘焙 ／ 林宥君著 . -- 一版 .
-- 新北市 ： 優品文化事業有限公司 ， 2024.05
128 面 ;19X26 公分 . -- (Baking ； 26)
ISBN 978-986-5481-59-9(平裝)
1.CST: 點心食譜

427.16   113004435

Baking 26

健康養生烘焙 Healthy Home Baking

作者	林宥君
企劃編輯	優品編輯群
美術編輯	謝紹君
出版者	優品文化事業有限公司
	電話：02-8521-2523
	傳真：02-8521-6206
	Email：8521service@gmail.com
	（如有任何疑問請聯絡此信箱洽詢）
總經銷	大和書報圖書股份有限公司
	新北市新莊區五工五路 2 號
	電話：02-8990-2588
	傳真：02-2299-7900
網路書店	www.books.com.tw 博客來網路書店
出版日期	2024 年 5 月
版次	一版一刷
定價	350 元

Printed in Taiwan

上優好書網

FB 粉絲專頁

LINE 官方帳號

Youtube 頻道

本書原書名：就是無添加健康烘焙